Wissen – Zweifeln – Glauben

Wissen – Zweifeln – Glauben

Warum moderne Naturwissenschaft
und der Glaube an Gott
doch gut zusammenpassen

Bibliografische Information der Deutschen Nationalbibliothek:
Die Deutsche Nationalbibliothek verzeichnet diese Publikation
in der Deutschen Nationalbibliografie; detaillierte bibliografische
Daten sind im Internet über http://dnb.dnb.de abrufbar.

© 2017 Klaus Werner Döhl
Satz, Umschlaggestaltung, Herstellung und Verlag:
BoD – Books on Demand

ISBN: 978-3-7431-0855-4

Inhaltsverzeichnis

Ein heutiger Naturwissenschaftler könnte auf die Idee kommen, ein Buch zu schreiben, in dem der Titel dieses Buches genau umgekehrt wird, nämlich: »Glauben – Zweifeln – Wissen«. Er könnte so argumentieren, dass – ausgehend von einem traditionellen Glauben an einen Gott – durch die neuen Erkenntnisse der Naturwissenschaften Zweifel ausgelöst werden. Diese führten dazu, dass der traditionelle Glaube durch Wissen ersetzt wird. Er könnte also eine natürliche Entwicklung vom (religiösen) Glauben zum (naturwissenschaftlichen) Wissen propagieren. Aus meiner Sicht ist es aber gerade umgekehrt: Naturwissenschaftliche Erkenntnisse können alleine nicht die wesentlichen Fragen der Menschheit nach dem Warum, Wozu, Woher und Wohin klären. Viele Menschen würden zwar sagen, dass ihr Weltbild auf rein (natur-)wissenschaftlicher Grundlage basiert, dabei werden aber die Voraussetzungen, unter denen Naturwissenschaft überhaupt erst betrieben werden kann, häufig übersehen. Gerade wenn man alle Erkenntnisse der modernen Naturwissenschaften der letzten Jahre würdigt, gibt es Zweifel an der Naturwissenschaft als alleiniger Basis für eine Weltanschauung.

Heutzutage glauben wir, ein so großes Wissen angesammelt zu haben, dass wir fast alle Probleme lösen können – zumindest im Prinzip. Wenn man aber genau hinsieht, wird klar: Es gibt wesentliche Voraussetzungen, auf denen unser – meist naturwissenschaftliches – Wissen beruht. Etwas plakativer formuliert: Wir müssen schon einiges als Denkvoraussetzung glauben, bevor wir »wissen« können. Wie sicher ist dann unser Wissen? Ist es also angemessen, an unserem Wissen zu zweifeln? Aus solchen Überlegungen zu Wissen, Zweifeln und Glauben ist dieses Buch entstanden. Denn ich finde es ehrlicher, die eigenen Denkvoraussetzungen offen zu benennen, anstatt sich vorzuspiegeln, eine Weltanschauung ohne Denkvoraussetzung wäre möglich.

Durch den Glauben an Gott erfahre ich eine Geborgenheit und Zuversicht, die ohne diesen Glauben nicht vorstellbar ist. Der Glaube an Jesus Christus ist für mich unverzichtbare Grundlage meines Lebens geworden. Und mit dieser Ansicht stehe ich bei Weitem nicht alleine da. Die Anzahl der Gleichgesinnten dürfte allein in Deutschland in die Millionen gehen. So stellen z. B. Kirchenmitglieder in Deutschland noch immer die Mehrheit der Bevölkerung – auch wenn die Auffassungen darüber, was denn der Glaube bedeutet, weit auseinandergehen. Wenn man aber Zeitung und Fernsehen durchforstet, kommen Religion und Glaube trotzdem einfach nicht mehr vor. Natürlich gibt es noch Presseveröffentlichungen, in denen es um Kirchen geht – aber die Inhalte des Glaubens werden dabei nicht thematisiert. Es geht dann um solche Themen wie die Bewahrung der Schöpfung, Homophobie oder den notwendigen Verkauf von Kirchengebäuden wegen zurückgehender Kirchenmitgliederzahlen. Der eigentliche Inhalt von Religion wird dabei sorgfältig ausgespart. Woran jemand glaubt, ist Privatsache und es ist schon fast unanständig, danach zu fragen. Und da ich in dieser Gesellschaft aufgewachsen bin, geht es mir genauso.

Dabei wird immer deutlicher, dass in unserer Gesellschaft der Glaube an Gott fehlt. Wir haben zwar überwiegend genug Möglichkeiten, unser Leben angenehm zu gestalten, aber es fehlt am richtigen Sinn und Ziel des Lebens. Die Suche nach Sinn und Ziel wird in den Medien auch nicht ernsthaft thematisiert (eher tabuisiert). Wenn doch darüber geschrieben oder gesendet wird, dann drängen sich meist atheistische, esoterische oder sonstige abseitige Weltanschauungen in den Vordergrund – wegen des höheren Sensationswertes.

Das Aussparen der christlichen Religion in Zeitungen und Fernsehen führt zu einer Überrepräsentation atheistischer oder agnostischer Positionen. Dadurch kann der Eindruck aufkommen, der Glaube an Gott sei nicht mehr zeitgemäß und durch moderne wissenschaftliche Erkenntnisse längst überholt. In Wirklichkeit hat sich die Argumentationslage in Bezug auf Religion und Glauben in den letzten paar Jahrzehnten – vielleicht gar Jahrhunderten – nicht relevant verändert. Nach wie vor hängt es von meiner persönlichen Entscheidung ab, ob ich von der Existenz Gottes ausgehe oder nicht. In allen Fällen, die ich kenne, geht die Existenz (oder Nichtexistenz) Gottes letztlich als Denkvoraussetzung in die weiteren Überlegungen zu den verschiedensten Weltanschauungen ein – auch wenn dies anders behauptet wird. Man kann diese Denkvoraussetzung bis zu einem gewissen Grad plausibilisieren; aber am Ende gibt es weder einen logisch zwingenden Gottesbeweis noch eine Gotteswiderlegung.

Heißt das nun: Die Frage nach Gott ist für uns Menschen nicht entscheidbar? Solange man nur auf einer (natur-)wissenschaftlichen Ebene bleibt, ist das so. Andererseits gibt es die Ebene einer persönlichen Begegnung bzw. Beziehung. Zum Beispiel kann ich nur in der persönlichen Begegnung mit meiner Frau dessen gewiss werden, dass sie mich liebt.

Ich stelle nun die Behauptung auf, dass man Gott begegnen kann, wenn man sich an ihn wendet – so ist es mir zumindest gegangen. Es ist so etwas wie ein Experiment: Wer Gott ernsthaft anruft, zu ihm betet und bereit ist, sein Leben nach Gottes Vorstellungen auszurichten, der wird ihm begegnen.[1]

Bevor jemand aber ein solches Experiment wagt, muss er es zumindest für grundsätzlich möglich halten, dass es einen persönlichen Gott gibt, der den Kontakt zu den Menschen haben will. Das vorliegende Buch will ein Beitrag sein, die Argumente für und wider Gott und den Glauben abzuwägen. Und nach dieser Einleitung ahnen Sie es schon: Ich werde zu dem Ergebnis kommen, dass die Existenz Gottes plausibel ist.

Im ersten Kapitel (»Naturwissenschaften und Denkvoraussetzungen«) werden wir uns mit den Naturwissenschaften beschäftigen. Dabei geht es weniger um einzelne Fachwissenschaften als vielmehr um die Beschäftigung der Naturwissenschaften mit den Ursprungsfragen – z. B. den Ursprung des Universums. Hier werden wir auf die Denkvoraussetzungen stoßen, die bei naturwissenschaftlichem Arbeiten üblicherweise gemacht werden. Zum Schluss werden wir fragen, wie wir allgemein mit Denkvoraussetzungen umgehen.

---

1   In der Bibel wird von einer Begegnung Jesu mit kritischen Zuhörern berichtet. Im Johannes-Evangelium (7,17) wird Jesus zitiert: »Wenn jemand bereit ist, Gottes Willen zu erfüllen, wird er erkennen, ob das, was ich lehre, von Gott ist oder ob ich aus mir selbst heraus rede.« (Zitiert nach Neue Genfer Übersetzung 2010).

Das zweite Kapitel (»Wissen«) behandelt das Wissen, das durch die Naturwissenschaften erarbeitet wurde. Es wird auf wichtige Theorien in Bezug auf die Entstehung des Universums und des Lebens eingegangen. Schließlich werden auch einige naturwissenschaftliche Erkenntnisse zum Denken dargestellt. Es wird jeweils hinterfragt, ob die Denkvoraussetzungen der Naturwissenschaften – lediglich nach einer innerweltlichen Erklärung zu suchen – diese nicht bei weltanschaulichen Fragen und Fragen nach den Ursprüngen zu einer ungeeigneten Erkenntnismethode machen.

Im dritten Kapitel (»Zweifeln«) geht es um die Begrenzung der Erkenntnisfähigkeit der Naturwissenschaften. Hier werden einzelne Sätze (z. B. die Heisenberg'sche Unschärferelation) erläutert und weltanschauliche Konsequenzen diskutiert.

Das vierte Kapitel (»Glauben«) handelt vom Vertrauen auf Gott. Es wird als Angebot dargestellt, das Gott uns Menschen macht, damit unser Leben ein Ziel hat.

Naturwissenschaften und Denkvoraussetzungen

Naturwissenschaftlicher Denkansatz

Heute fühlen sich nahezu alle Menschen einem naturwissenschaftlichen Denkansatz verpflichtet. Naturwissenschaftliches Denken ist uns so sehr in Fleisch und Blut übergegangen, dass wir dies gar nicht mehr wahrnehmen. Dabei scheint aber das Wissen um die Voraussetzungen, unter denen Naturwissenschaft betrieben werden kann, ebenso verloren gegangen zu sein wie das Wissen um die prinzipielle Beschränkung naturwissenschaftlicher Erkenntnis.

Wenn ein Naturwissenschaftler eben als Naturwissenschaftler eine Fragestellung untersucht, so ist er immer auf der Suche nach einer natürlichen, d. h. innerweltlichen Erklärung. Er schließt damit von seiner Methodik her bestimmte Dinge von vornherein aus: Wunder, esoterische Effekte oder ein direktes Eingreifen eines Gottes liegen außerhalb des Betrachtungshorizontes. Diese Beschränkung hat sich in der Vergangenheit als sehr sinnvoll erwiesen und dazu geführt, dass die Natur erforscht werden konnte, ohne sich mit Geistern, Göttern, esoterischen Effekten und magischen Dingen beschäftigen zu müssen. Sie war notwendig, damit sich die Naturwissenschaften überhaupt entwickeln konnten. Sie ist auch aus christlicher Sicht bei der Beschäftigung mit unserem natürlichen Umfeld richtig, da Christen davon ausgehen, dass Gott auch die Naturgesetze geschaffen hat und nicht ständig darin herumpfuscht. Im Mittelalter hat denn auch eine Reihe von Christen den Naturwissenschaften wesentliche Impulse gegeben. Hier einige Beispiele:

- Nikolaus Kopernikus (1473–1543) beschrieb als erster moderner Naturwissenschaftler das heliozentrische Weltbild. Als Domherr und studierter Theologe vertrat er den christlichen Glauben.
- Johannes Kepler (1571–1630) entdeckte die mathematischen Gesetzmäßigkeiten, nach denen sich die Planeten auf ihren elliptischen Bahnen um die Sonne bewegen. Ihm wird der Satz zugeschrieben: »Ich glaube, dass die Ursachen für die meisten Dinge in der Welt aus der Liebe Gottes zu den Menschen hergeleitet werden können.«
- Isaac Newton (1642–1726) legte mit den Bewegungsgesetzen und dem Gravitationsgesetz die Grundlagen der klassischen Mechanik. Er befasste sich ausführlich, wenn auch sehr eigenwillig, mit der Bibel und lehnte die Dreieinigkeit als Vorstellung von Gott ab. Allerdings war ihm sein Glaube an Gott die Grundlage seines Lebens.

Die Erkenntnisse, mit denen die Naturwissenschaften unsere Welt verändert haben, sind, gelinde gesagt, beeindruckend. Naturwissenschaftliche Erkenntnisse waren die Grundlage für die Entwicklung unserer technischen Umwelt, von der Erfindung des Rades über die Dampfmaschine bis hin zu Internet und Smartphone. Hierdurch wurde – zumindest in der westlichen Welt – unser Leben wesentlich geprägt.

Wenn ich z. B. über die Schwerkraft nachdenke, ist die Beschränkung auf eine natürliche Erklärung des Phänomens sehr sinnvoll, denn davon beeinflusste Prozesse laufen – das ist eine menschliche Grunderfahrung – immer gleich ab. Ich kann etwa Fall-Versuche durchführen, die immer wieder gleiche Ergebnisse liefern, wenn ich das Experiment wiederhole. Wenn also ein Naturgesetz durch immer wieder gleiche Versuchsergebnisse bestätigt wird, so kann ich das hier jeweils wirkende Naturgesetz als bewiesen betrachten. Ich muss dann lediglich voraussetzen, dass sich die Naturgesetze nicht mit der Zeit ändern (was man im Prinzip nie ganz sicher ausschließen kann, wovon man aber mangels sinnvoller Alternative immer ausgehen muss). Die große Stärke der Naturwissenschaften ist also die Abstützung ihrer Erkenntnisse auf wiederholbare Experimente.

Naturwissenschaftler betrachten Ursprungsfragen

Nun befassen sich die Naturwissenschaften aber auch mit Fragen nach den **Ursprüngen**: dem Ursprung des Universums, der Erde, des Lebens, des Menschen ... In diesen Zusammenhängen kann ich keine wiederholbaren Versuche durchführen – ich kann schließlich die Erde nicht neu entstehen lassen. Damit kann ich die eigentliche Stärke der Naturwissenschaften gar nicht ausspielen. Hier kann ich nur Schlüsse aus der uns bekannten Historie ableiten. So komme ich auch nur zu einer anderen – geringeren – Qualität und Sicherheit der Ergebnisse. Und es stellt sich die sehr grundsätzliche Frage, ob die Erkenntnismethode »Naturwissenschaft« für den Erkenntnisgegenstand »Ursprung des Lebens und des Universums« angemessen ist.

Wenn ich von der naturwissenschaftlichen Voraussetzung einer »natürlichen« Erklärung ausgehe, muss ich selbstverständlich auch zum Ergebnis einer natürlichen Entstehung des Lebens und des Universums gelangen. Dies ist aber nicht das Ergebnis meines Denkens, sondern die Voraus-

setzung, die bereits am Anfang in die Überlegungen eingegangen ist.

Leider trifft man immer wieder auf Naturwissenschaftler,
die diese Zusammenhänge gar nicht im Blick haben und
fröhlich verkünden, dass aufgrund ihrer rein naturwissenschaftlichen Forschungen die Existenz Gottes widerlegt
sei. Ein Nachweis, dass Gott nicht existiert, ist jedoch auf
Basis rein naturwissenschaftlicher Untersuchungen nicht
möglich, da Naturwissenschaften sich per Definition nur
mit diesseitigen Phänomenen beschäftigen. Auch wenn eine
in sich widerspruchsfreie naturwissenschaftliche Erklärung
der Schöpfung möglich ist, ohne dass ein Eingreifen eines
Schöpfers angenommen wird, ist damit nicht bewiesen, dass
das Universum nicht von Gott geschaffen wurde.

Und Religionen wie Judentum, Christentum und Islam gehen
nun mal davon aus, dass es einen Gott und eine übernatürliche Erklärung für die Entstehung des Lebens und der Erde
gibt. Damit wird die grundsätzliche Erkenntnis der meisten
Menschen auf dieser Erde (mehr als 50 Prozent der Menschen
gehören einer der Religionen Judentum, Christentum oder
Islam an) von vornherein negiert und aus dem Prozess der
Erkenntnisgewinnung über die Ursprünge ausgeschlossen. Es
müsste also eine Erkenntnismethode geben, die in Bezug auf
die Alternativen »Schöpfung« oder »natürliche Entwicklung«
ergebnisoffen an die Ursprungsfragen herangehen kann.

Naturwissenschaft – offen für göttlichen Ursprung?

Zu den Fragen nach dem Ursprung müsste man also eine
Wissenschaft betreiben, die eigentlich Naturwissenschaft

ist, aber ohne die Voraussetzung »natürliche Erklärung« auskommt. Dann wären aber nach meiner Meinung einfach zu viele Möglichkeiten bzw. Freiheitsgrade zu berücksichtigen, als dass wesentliche Aussagen abgeleitet werden könnten. Wie soll man auch ohne weitere Information sinnvoll entscheiden, ob ein bestimmter Zustand des Universums von einem Gott aus dem Nichts geschaffen wurde oder ob er sich auf natürliche Weise aus einem vorherigen Zustand entwickelt hat? Grundsätzlich könnte ein allmächtiger Gott ja jede Situation im Universum plötzlich aus dem Nichts entstehen lassen. Eine Unterscheidung eines »natürlich« entstandenen Zustands von einem »erschaffenen« Zustand erscheint so nicht möglich zu sein. Weder ein Gottesbeweis noch eine Gotteswiderlegung scheint auf diesem Wege einfach zu haben zu sein.

Bisher wurde noch keine Aussage darüber gemacht, was das für ein Gott sein könnte, der das Universum geschaffen hat. Es könnte prinzipiell ein ziemlich abwegiges Wesen sein, das ggf. nach dem Schöpfungsakt sein Interesse an der Welt verloren hat (so denken Deisten[2]). Aber wenn schon ein Gott das Universum geschaffen hat, ist es aus meiner Sicht wahrscheinlicher, dass er danach auch ein Interesse an der Welt hat und Hinweise hinterließ, die auf ihn als Schöpfer hinweisen, sodass seine Geschöpfe in Kontakt zu ihm treten können.

---

2 Laut Fremdwort-Duden ist der Deismus eine Gottesauffassung der Aufklärung des 17. und 18. Jahrhunderts, nach der Gott die Welt zwar geschaffen hat, aber keinen weiteren Einfluss mehr auf sie ausübt.

Eine Erkenntnis wächst aber: Es gibt kein Denken ohne Voraussetzungen. Diese Denkvoraussetzungen können **ex**plizit sein, wenn ich mir der Voraussetzungen, die ich mache, bewusst bin. Sie können aber auch **im**plizit sein, sodass ich die Voraussetzungen, die ich mache, gar nicht bemerke – zumindest sie nicht explizit benenne.

Jeder Mensch bringt seine eigene Geschichte mit und damit einen Satz von Vorstellungen und Überzeugungen, die er für wahrscheinlich hält und von denen er ausgeht. Das soll nun nicht heißen, dass man nach der frühkindlichen Prägung nur in den Bahnen seiner Eltern denken kann. Vielmehr gehört es ja zur normalen Entwicklung einer Persönlichkeit, (meist in der Pubertät) die Lebensweise der Eltern kritisch zu hinterfragen und seine eigene Weltsicht zu entwickeln. Dazu gehören auch die Vorstellungen und Überzeugungen, die ich für mich als wahr annehme und von denen ich bei meinem Denken ausgehe.

Gerade wenn es um weltanschauliche Fragen geht, scheint es ehrlicher und auch einfacher zu sein, die Voraussetzungen zu benennen, unter denen das eigene Denken geschieht.

Zunächst ist festzustellen, dass die meisten Veröffentlichungen zu weltanschaulichen Themen die Voraussetzungen, unter denen ihre Erkenntnisse stehen, nicht explizit benennen. Manchmal muss man schon genau lesen, um teilweise zwischen den Zeilen die Denkvoraussetzungen zu entdecken. Trotzdem – so behaupte ich – gibt es keine Theorie oder Weltanschauung ohne Denkvoraussetzung. Aber es ist für Autoren wesentlich interessanter und fördert den Verkaufserfolg der entsprechenden Bücher, wenn man behaupten kann, dass alle Behauptungen logisch unwiderlegbar abgeleitet wurden.

Sie können ja mal analysieren, von welchen Denkvoraussetzungen ich in diesem Buch ausgehe ...

Aber was taugt denn nun als Denkvoraussetzung?
Zunächst einmal muss ich voraussetzen, dass es mich gibt und ich eine Persönlichkeit und einen Geist habe. Denn wie sonst sollten die Gedanken entstehen und das Bewusstsein vorhanden sein, die ich nun mal habe? Wie wären Begriffe wie »Wahrheit« oder »Moral« zu verstehen, wenn sie sich nicht auf eine Person beziehen, die denkt und für ihr Handeln verantwortlich ist?

Dies ist nun kein in sich schlüssiger Beweis, aus dem sich die Notwendigkeit der Existenz von Geist, Persönlichkeit und Bewusstsein ergibt, und es gibt auch ernst zu nehmende Menschen, die vom Gegenteil ausgehen. Aber es geht hier ja auch um Denkvoraussetzungen. Diese sind eben Voraussetzungen: Sie sind da, bevor ich anfange, meine Lebensphilosophie schlüssig zu begründen. Aber ich muss mir Gedanken darüber machen, wie plausibel ich »meine« Denkvoraussetzungen finde.

Taugt es auch als Denkvoraussetzung, wenn ich die Existenz Gottes voraussetze?
Grundsätzlich kann man die Existenz Gottes nicht in einem

naturwissenschaftlichen Sinn beweisen oder widerlegen.[3] Aber wir werden noch sehen, dass Gott in einer personalen Beziehung erkannt werden kann. Dann kann ich – auch über die Begrenzung naturwissenschaftlich begründeter Erkenntnis hinaus – erkennen, dass es Gott als Person gibt. Dies taugt dann sehr wohl als Denkvoraussetzung. Aber es bleibt anzuerkennen, dass viele Menschen genau diese Erkenntnis (noch) nicht haben und daher auch zu einer entsprechend anderen Weltanschauung kommen.

Insgesamt gibt es viele Dinge, die als Voraussetzung in ein philosophisches System eingehen können – wie z. B.
- die Nichtexistenz Gottes oder die Existenz Gottes.
- die natürliche Entwicklung des Lebens aus unbelebter Materie ohne göttliches Eingreifen.
- die Beschränkung auf rein naturwissenschaftlich erkennbare Sachverhalte und damit die Negierung aller nicht natürlichen Phänomene.

Zu welchen Denkvoraussetzungen wir neigen, hängt von unseren Erfahrungen ab, aber auch von der Kultur und der Verwandtschaft, in die wir hineingeboren wurden. Aber was hindert mich daran, probehalber mal die eine oder andere Denkvoraussetzung über Bord zu werfen und eine weitere vorauszusetzen und darüber nachzudenken, wie sich dies auf meinen Lebensentwurf auswirkt?

---

3   In früheren Jahrhunderten waren vor allem kirchliche Würdenträger der Meinung, dass man Gott beweisen könne. Heutzutage sind es eher Atheisten, die mit dem Anspruch auftreten, Gott mit wissenschaftlichen Argumenten zu widerlegen – beide mit wenig überzeugenden Ergebnissen.

Entstehung der Naturwissenschaften

Wie sind eigentlich die Naturwissenschaften entstanden? Für philosophisch gebildete Menschen mag es eine grob fahrlässige Vereinfachung sein – trotzdem: Die griechischen Philosophen haben sicher wesentliche Grundlagen unserer heutigen Naturwissenschaften gelegt. Allerdings lag ihr Schwerpunkt nicht so sehr in der Naturbeobachtung, sondern in einfachem Nachdenken und logischen Schlussfolgerungen. Aristoteles z. B. war der Meinung, dass sich die Sterne bzw. Planeten auf idealen Bahnen um die Erde bewegen müssten, weil er von der Grundvorstellung einer vollkommenen Bewegung im Weltall ausging. Damit »erfand« er das geozentrische Weltbild. Erst im Mittelalter und in der beginnenden Neuzeit kam eine neue Art von Wissenschaftlern auf, die ihren Schwerpunkt stärker bzw. systematischer in der Beobachtung der Natur sah und damit die Kenntnisse der Menschheit über die Natur erheblich erweiterte. So nutzte Kepler die genauen Himmelsbeobachtungen des dänischen Astronomen Tycho Brahe, um das aristotelische Weltbild aufgrund seiner Beobachtungen zu widerlegen.

Zu dieser ersten Generation von Naturwissenschaftlern gehörten auch Isaac Newton, Galileo Galilei und Blaise Pascal. Die meisten dieser frühen Naturwissenschaftler muss man wohl als Christen bezeichnen. Mit ihren Forschungen wollten sie Gottes Bauplan in seiner Schöpfung ein Stück weit besser erkennen. Diese christliche Motivation hat der Naturwissenschaft in ihren Anfängen wesentliche Impulse gegeben. Auch die Christen haben naturwissenschaftlich geforscht. Dabei sind sie – wie alle anderen Naturwissenschaftler vor und nach ihnen – davon ausgegangen, dass die Natur sich gemäß festgelegter Regeln verhält. Hierzu fanden sie es sinnvoll, vorauszusetzen, dass Gott bei den von ihnen untersuchten Phänomenen nicht eingreift. Das ist eine durchaus christliche Annahme, denn Gott hat ja die Naturgesetze gemacht und pfuscht nicht einfach so darin herum (obwohl er dazu die Macht hätte). Ein Wunder bleibt die sehr seltene Ausnahme. Damit steht das Christentum im Gegensatz zu manchen magischen und esoterischen Vorstellungen, die annehmen, dass die Welt von vielen Geistern bestimmt wird.

Ethische Folgen naturwissenschaftlicher Forschung

Heutige Naturwissenschaftler haben sich von ggf. vorhandenen christlichen Wurzeln längst distanziert. Für die derzeitige Forschergeneration zählt die »reine«, sachorientierte Forschung. In diesem Zuge der »Versachlichung« ging jedoch leider auch das Bewusstsein für die ethischen Folgen naturwissenschaftlichen Forschens und die Verantwortlichkeit des Menschen vor Gott verloren. Auch wenn die meisten Naturwissenschaftler ganz normal empfindende Zeitgenossen sind und ihre ethischen und moralischen Skrupel bei gewissen Themen haben, werden sich in Zukunft wohl immer Forscher finden, die sich auch für zweifelhafte Themen, wie z. B. Forschung an Massenvernichtungswaffen oder Manipulation am menschlichen Erbgut, hergeben. Es ist daher davon auszugehen, dass eine Untersuchung, die technisch möglich ist und mit der man vermutlich Geld verdienen kann, auch irgendwann und irgendwo durchgeführt wird.

Naturwissenschaftliche Forschung scheint daher nicht geeignet, moralische oder ethische Gesamtverantwortung für ihr Handeln zu übernehmen. Ihre Entwicklung gibt heute eher das Bild des Zauberlehrlings ab, der Mächte freigesetzt hat, die sich nun verselbstständigen und anscheinend nicht mehr kontrolliert werden können. Ein Staat kann die Forschung ebenfalls kaum kontrollieren, da diese längst international stattfindet und bei Verboten in einem anderen Staat durchgeführt wird. Von Interesse waren hier z. B. die Diskussion um die Präimplantationsdiagnostik (PID) oder – in früheren Jahrzehnten – die Entwicklung der Atombombe. Bei der PID wurde als wesentliches Argument genannt: Man wolle einem ambitionierten Forscherteam der Uni Bonn die Möglichkeit geben, ihre Arbeit – die ethisch für viele höchst bedenklich war – ohne gesetzliche Restriktionen machen zu können.

Grundsätzlich sollte die Vorgehensweise aber umgekehrt sein: Zunächst sollte ermittelt werden, ob eine Forschung ethisch richtig ist und uns als Menschheit helfen kann. Erst wenn ein Projekt aus ethischen Gründen hilfreich zu sein verspricht und seine Folgen überblickbar und positiv sind, sollte die Forschung durchgeführt werden. Aber eine solche Überlegung ist reine Theorie. Wenn mit einer Forschung Geld verdient werden kann, dann wird sie realisiert; ansonsten nicht. So werden z. B. Medikamente entwickelt, wenn es zahlungskräftige Patienten in reichen Ländern gibt, die die Gewinnerwartungen der Pharmafirmen erfüllen können. Medikamentenentwicklung für Arme-Leute-Krankheiten findet dagegen heutzutage nicht in relevantem Umfang statt.

Naturwissenschaftler können also etwas erfinden, entwickeln und vielleicht auch zur Anwendungsreife bringen und diese Erfindung kann technisch perfekt sein. Ob sie dann aber zum Wohl oder zum Wehe für die Menschheit eingesetzt wird, ist völlig offen. Die Naturwissenschaften haben keine Kompetenz in Bezug auf Ethik und Werte. So haben wir zwar viel, wovon wir leben können, aber es fehlt das, wofür wir leben können.[4] Der Sinn im Leben scheint sich zu einer Mangelware in unserer Gesellschaft zu entwickeln.

Ich erinnere mich noch gut an meinen Mechanik-Professor – eine vornehme und elegante Erscheinung. Er hat mich als kleinen Studenten im ersten Semester sehr beeindruckt: Da hatte ich im Gymnasium im Physikunterricht ein halbes Jahr Mechanik beigebracht bekommen und war der Meinung, viel gelernt und eine gute Grundlage für die Uni zu haben. Aber dann kam die erste Vorlesungsstunde im Fach Mechanik und er nahm den Stoff, für den ich in der Schule ein halbes Jahr Zeit gehabt hatte, gleich in der ersten Stunde vollständig durch. Danach war mein Selbstvertrauen auf null geschrumpft. Ich kam mir ziemlich klein vor im Vergleich zu einer solchen Geistesgröße. So ist es häufig sehr beeindruckend, wenn Experten zu einem speziellen Thema ihre Theorien vorstellen.

Wenn Physiker über die Entstehung des Weltalls referieren, ist von äußerst komplexen Berechnungen mit den schnellsten Supercomputern die Rede. Wenn Biologen über die Entstehung der Arten vortragen, stützen sie sich auf das Wissen

---

4   Nach meiner Erinnerung ist dieser Satz Konrad Lorenz zuzuschreiben.

von vielen Generationen von Forschern, die nichts anderes getan haben, als über genau diese speziellen Fragen nachzudenken. Diese Menschen können sich häufig mit Professorentiteln und teilweise vielen Anerkennungen und Preisen schmücken. Vor allem: Sie tun nichts anderes, als sich mit »ihrer« Spezialfrage zu beschäftigen, und kennen daher alle Einzelheiten ihres Fachgebietes. Experten wissen also auf ihrem Fachgebiet immer mehr. Allerdings wird das Fachgebiet, auf das sich ihr Fachwissen bezieht, immer schmaler. Goethe z. B. konnte man noch als Universalgelehrten bezeichnen. Er vereinigte das gesamte Wissen seiner Zeit in seinem Kopf. Aber die Spezies der Universalgelehrten ist längst ausgestorben, da das vorhandene Wissen sich explosionsartig vermehrt (hat) und die Kapazität des menschlichen Hirns bei Weitem überschreitet. So entwickelt sich der normale Wissenschaftler immer mehr zum Spezialisten, der in einem immer kleineren Fachgebiet immer mehr weiß. Die Fähigkeit, eine umfassende ganzheitliche Philosophie zu entwickeln, ist abhandengekommen.

Trotzdem: Wenn die Geistesgrößen der Wissenschaft ihre Theorien ausbreiten, hat man als Normalsterblicher eigentlich keine Chance, eine andere Meinung danebenzustellen – oder etwa doch?

Gerade wenn es um weltanschauliche Fragen geht, spielen häufig die Denkvoraussetzungen eine wesentliche Rolle. Und hier haben die Geistesgrößen der Wissenschaft eigentlich keinen Wissensvorsprung, denn auch sie gehen, wie jeder Mensch, von Denkvoraussetzungen aus. Gerade Naturwissenschaftlern ist dabei die Beschränkung naturwissenschaftlicher Betrachtungen auf innerweltliche Probleme überhaupt nicht mehr bewusst.

Wenn ich mich mit den Fragen nach dem Anfang beschäftige, können Experten nicht die Stärke naturwissenschaftlicher Forschung ausspielen: das reproduzierbare Experiment. Denn der Anfang des Universums oder der Anfang des Lebens kann nicht wiederholt werden. Selbst wenn es gelingen sollte, einen zweiten Urknall zu erzeugen (was ziemlich unklug wäre, da es das Ende für alle Lebewesen dieser Erde bedeuten würde) und damit die Urknalltheorie zu stützen, wäre dies kein Beweis dafür, dass die Entstehung des Weltalls mit einem Urknall begonnen hat. Selbst wenn in einem natürlichen Prozess Leben aus unbelebter Materie erzeugt werden könnte, würde dies allenfalls ein Indiz sein, aber kein Beweis dafür, dass die Entstehung von Leben »einfach so« – ohne das Eingreifen eines Schöpfers – stattgefunden hat.

Gerade in Bezug auf die Frage nach dem Anfang sind Experten alles andere als einer Meinung.[5] So gibt es glühende Verfechter einer Multiversum-Theorie, wenn es um die Entstehung des Universums geht. Andere ziehen ein einzelnes *Universum* vor. Letztlich müsste man sich hier für eine von mehreren sich gegenseitig ausschließenden Theorien bzw. die jeweils zugehörigen Experten entscheiden.

---

5 Zwar ergibt sich in der öffentlichen Diskussion zu vielen Themen im naturwissenschaftlichen Bereich eine Mehrheitsmeinung, die sich weitgehend in der Lehre durchsetzt. Trotzdem gibt es eine Minderheitsmeinung, die jedoch im universitären und im forschenden Bereich aufgrund der Gepflogenheiten bei der Vergabe von Stellen und Geldern oftmals tendenziell benachteiligt wird. Öffentlich geführte wissenschaftliche Diskussionen sind leider häufig bestimmt durch finanzielle Interessen der Beteiligten. Sie sind nicht dem reinen Erkenntnisgewinn gewidmet.

Die derzeit gängigen Theorien können aber nur den derzeitigen Stand des Wissens zeigen. Daher ist aus wissenschaftstheoretischer Sicht anzumerken: Eine wissenschaftliche Theorie muss in jedem Fall falsifizierbar sein. D. h., es muss möglich sein, durch Versuche oder sonstige Erkenntnisse diese Theorie zu widerlegen. Von jeder Theorie muss man daher annehmen, dass sie vorläufig ist und in Zukunft durch eine bessere Theorie widerlegt oder ergänzt wird. Wenn sie nicht falsifizierbar ist, kann sie auch nicht durch weitere Versuche bestätigt werden.

Niemand kann Experte auf allen Gebieten wissenschaftlicher Forschung sein. Trotzdem muss jeder Einzelne sein Leben gestalten. Dafür muss er von einer Weltanschauung ausgehen, bestimmte Dinge für wahr halten und sie in seinem Leben voraussetzen. Jede Voraussetzung bis ins Letzte zu hinterfragen, ist unmöglich.

Für mein eigenes Leben kann nur ich der Experte sein und die Erkenntnisse zusammentragen, die für mich wichtig sind, auf denen ich mein Leben aufbauen will. Es ist ganz erstaunlich, wie demokratisch das Leben doch sein kann.

Beim heutigen Wissenschaftsbetrieb an Hochschulen muss man berücksichtigen:

- Wissenschaftler sind durchweg nur noch Spezialisten in einem kleinen, mehr oder weniger engen Fachgebiet. Die ganzheitliche Schau auf die gesamte Erkenntnis der Menschheit fehlt.

- Erkenntnis ist heute wesentlich geldgetrieben. Eine Forschung, für deren Ziele sich kein Geldgeber findet, wird nicht durchgeführt. Erkenntnisse einer Forschung, die den Interessen des Geldgebers entgegenstehen, werden häufig unterdrückt.

- Der Kampf um Geldmittel führt zwangsweise zu einer Angleichung an die Mehrheitsmeinung, da dies die Wahrscheinlichkeit von Mittelzuweisungen erhöht.

- Heutiges Wissen ist Stückwerk (Theorien sind falsifizierbar).

Diese Überlegungen haben auch mir den Mut gegeben, teilweise sehr stark fachwissenschaftlich geprägte Sachverhalte zu diskutieren (siehe weiter hinten im Buch). Es geht mir dabei weniger um die fachwissenschaftlichen Feinheiten, für die ich kein Experte bin, als vielmehr um die grundlegende Überlegung, was Naturwissenschaft an Erkenntnis bringen kann und was nicht. Heute breitet sich leider das Missverständnis aus, Naturwissenschaften hätten ein Erkenntnismonopol, könnten die Antwort auf **alle** Fragen des Lebens liefern und würden immer **ohne Voraussetzung** die Wahrheit ermitteln.

Gottesbeweise und Gotteswiderlegungen

Merkwürdigerweise gab und gibt es viele Menschen, die die Existenz Gottes beweisen wollen. Am produktivsten scheint hier der mittelalterliche Startheologe Thomas von Aquin (1225–1274) gewesen zu sein. Insgesamt fünf solcher Beweise werden ihm zugeschrieben (obwohl er auf antiken Quellen aufbauen konnte). Als mittelalterlicher Theologe war für ihn persönlich ganz klar, dass Gott existiert. Er hätte also eigentlich nichts beweisen müssen. Aber er wollte seiner Umgebung klarmachen, dass der Glaube an Gott eine Notwendigkeit ist. So stellte er diese Beweise als »Wege zu Gott« zusammen. Sie bestehen alle aus zwei Voraussetzungen – dem Ober- und Untersatz – und einer Schlussfolgerung.

Für jeden seiner Beweise setzte er weiterhin voraus, dass ein Rückgriff auf das Unendliche abzulehnen sei. Dies ist am einfachsten beim Kausalitätsbeweis nachzuvollziehen, bei dem eine erste Ursache gefordert, wird, die selber keine Ursache hat.

1. Kausalitätsbeweis	
Obersatz:	In der Welt gibt es überall Ursachen und Wirkungen, die miteinander in Verbindung stehen.
Untersatz:	Jede Wirkung setzt eine hinreichende Ursache voraus.
Schlusssatz (Folgerung):	Die Welt muss eine zeitlich erste Wirkursache haben, welche selber unverursacht ist. Diese nennen wir Gott.

2. Bewegungsbeweis	
Obersatz:	In der Welt ist überall Bewegung.
Untersatz:	Alles Bewegte wird von einem anderen bewegt, d. h.: Nichts kann sich selbst die erste Bewegung geben.
Schlusssatz (Folgerung):	Die bewegte Welt setzt einen von ihr verschiedenen Beweger voraus. Diesen nennen wir Gott.

»Bewegung« wird hierbei sehr allgemein als Entwicklung oder Entstehung verstanden.

3. Kontingenzbeweis	
Obersatz:	Die Welt ist kontingent (= nicht notwendig existierend: alles Empirische entsteht und vergeht wieder, ist also entbehrlich).
Untersatz:	Da das Kontingente sich nicht selbst das Sein geben kann und da der Rückgriff auf das Unendliche zu vermeiden ist, setzt das Vorhandensein eines kontingenten Kosmos die Existenz eines absoluten Wesens voraus: von diesem notwendig existierenden Wesen empfängt jedes kontingente Wesen das Sein.
Schluss-satz (Folgerung):	Also setzt die kontingente Welt zur Erklärung ihrer Entstehung die Existenz eines notwendig existierenden Wesens voraus; dieses Wesen wird Gott genannt.

4. Beweis der Stufungen	
Obersatz:	In der Welt gibt es mehr oder weniger gute, wahre und schöne Dinge, d. h., die Werte sind abgestuft.
Untersatz:	Da eine Rückführung ins Unendliche nicht infrage kommt, muss es ein Wesen geben, welches die höchste Wahrheit, Güte und Schönheit ist und somit den absoluten Endpunkt in der Abstufung der Werte darstellt.
Schluss-satz (Folgerung):	Es muss ein Optimum (bzw. Verissimum, Nobilissimum) geben, das für alles innerweltliche Sein die Ursache seines Gut-, Wahr- und Edelseins ist. Dieses höchste Gute, Wahre und Edle nennen wir Gott.

5. Finalitätsbeweis	
Obersatz:	In der Welt gibt es Ordnung und Zweckmäßigkeit.
Untersatz:	Ordnung, Zielstrebigkeit und Sinnhaftigkeit setzen einen denkenden Geist als Ordner voraus, andernfalls müsste man wieder einen Rückgriff auf das Unendliche vollziehen.
Schluss-satz (Folgerung):	Also braucht die Welt zur Erklärung ihrer Ordnung einen ordnenden Geist, und den nennen wir Gott.

Nun haben Sie die fünf Beweise gelesen: Fühlen Sie sich überzeugt? Vermutlich nicht ganz. Die logikorientierten Aussagen und Schlussfolgerungen sind für uns Menschen der Neuzeit eher ungewohnt. Und auch inhaltlich gibt es Gründe, an diesen »Beweisen« zu zweifeln. Warum wird z. B. ein Rückgriff auf das Unendliche kategorisch ausgeschlossen? Dies ist heute nicht mehr ohne Weiteres einsichtig angesichts des in mathematischen bzw. physikalischen Theorien häufig vorkommenden Unendlichkeitsbegriffs. Trotzdem sind in den »Beweisen« Ansatzpunkte erkennbar, die die Existenz eines Gottes plausibel erscheinen lassen.

Bereits Immanuel Kant (1724–1804) fand die o. g. Beweise nicht schlüssig. Er war der Meinung, dass wir nur das erkennen können, was wir in Raum und Zeit erleben bzw. erfahren können. Da die Existenz Gottes aber über diesen Erfahrungshorizont hinausgeht, können wir Gott eigentlich nicht erkennen. Nichtsdestotrotz entwickelte Kant einen neuen – den »moralischen« – Gottesbeweis. Als pflichtbewusster preußischer Beamter war ihm dabei das moralisch gute Handeln sehr wichtig (kategorischer Imperativ: Handle so, dass dein Handeln Grundlage eines allgemeinen Gesetzes werden kann). Der Mensch kennt diesen Anspruch, moralisch gut zu handeln. Die Erfahrung zeigt aber, dass der Mensch, der moralisch gut handelt, nicht immer dafür belohnt wird (»Glückseligkeit bekommt«). Aus diesem Grund fordert Kant, dass es spätestens im Himmel einen Ausgleich zwischen moralisch gutem Handeln und der Glückseligkeit (»transzendent«) geben müsse. Das würde aber voraussetzen, dass es einen Ausgleich nach dem Tod gibt. Die einzige Instanz, die dies sicherstellen kann, ist Gott.

Man erkennt schnell, dass auch dies kein Beweis im eigentlichen Sinne ist. Kant sagt einfach, dass es Gott geben müsse, da sich ansonsten das moralisch gute Handeln nicht lohnen würde.

Es gibt noch eine Menge weiterer Versuche, einen »Gottesbeweis« zu führen, die aber alle nicht recht überzeugen.

Ein wirklich schlüssiger und zwingender Gottesbeweis würde dabei m. E. dem christlichen Glauben widersprechen: Wenn ich bereits weiß – oder beweisen kann –, dass Gott existiert, wäre kein Vertrauen[6] auf Gott mehr erforderlich und ein Glaube im christlichen Sinne wäre unnötig. Damit kann eigentlich aus christlicher Sicht ein Gottesbeweis letztlich nicht funktionieren. Trotzdem haben die als Beweis ge-

---

6   Glaube im christlichen Sinne bedeutet nicht in erster Linie ein Für-wahr-Halten von bestimmten Aussagen über Gott. Glaube bedeutet eher ein Vertrauen darin, dass Gott mein Leben in der Hand hat und es gut mit mir meint, sodass ich mein Leben nach Gottes Vorstellungen ausrichten sollte. Insofern ist »Vertrauen« eigentlich eine bessere Umschreibung für den christlichen Glauben.

dachten Argumente ihren Sinn, denn sie dienen dazu, die Existenz Gottes plausibel zu machen.

Und wie sieht es mit Gotteswiderlegungen aus?
Natürlich haben schon viele Menschen versucht, die Existenz Gottes zu widerlegen. So kann man z. B. fragen, ob Gott einen Berg erschaffen kann, den er nicht hochheben kann. Nach der Logik wäre Gott in jedem der folgenden Fälle nicht allmächtig: Wenn er einen solchen Berg erschaffen kann, wäre er nicht allmächtig, weil er diesen Berg nicht hochzuheben vermag. Wenn er einen solchen Berg nicht erschaffen kann, wäre er eben deshalb nicht allmächtig.

Diese Beweisführung scheint aber eher die Begrenztheit unserer menschlichen Logik zu verdeutlichen, da wir mit Aussagen, die sich auf sich selber beziehen, unsere Schwierigkeiten haben. Wir werden darauf bei der Diskussion des Gödel'schen Unvollständigkeitssatzes noch zurückkommen.

Der freie Wille

Die Diskussion darüber, ob der Mensch einen freien Willen hat, ist schon uralt. Bereits die alten griechischen Philosophen haben hierzu ihren Beitrag geleistet. Einen ganz neuen Schwung bekam die Debatte durch die Neurophysiologie, die sich mit dem menschlichen Denken auf Basis der Hirnaktivitäten befasst. Großes Aufsehen erregten die Experimente von Benjamin Libet, die inzwischen in vielen Varianten wiederholt und bestätigt wurden: Dabei wurden die Probanden gebeten, eine Entscheidung zu treffen (z. B. den Finger zu heben oder nicht). Gleichzeitig wurde die Aktivität ihres Gehirns durch bildgebende Verfahren erfasst. Es zeigte sich, dass besondere Hirnaktivitäten bereits einsetzten, bevor die Probanden ihre bewusste Entscheidung trafen. Die Zeitdifferenz lag bei ca. einer halben Sekunde. Die Schlussfolgerungen, die aus diesen Experimenten gezogen wurden, waren teilweise sehr weitgehend. So meinte Libet aus dem Versuch schließen zu können, dass Entscheidungen im Gehirn bereits unbewusst getroffen werden, bevor sie in das Bewusstsein gelangen. Der Mensch treffe seine Entscheidungen also nicht bewusst.

So gibt es heute viele Experten, die aufgrund der neuen Erkenntnisse der Hirnforschung meinen, es gebe gar keinen freien Willen. In diese Richtung gehen z. B. die Aussagen von Wolf Singer, dem inzwischen emeritierten Leiter des Max-Planck-Instituts für Neurophysiologie in Frankfurt. Prof. Singer wurde vielfach ausgezeichnet für seine Erfolge bei der Erforschung kognitiver Vorgänge im menschlichen Gehirn. Wir Menschen sind demnach vollständig durch die Schaltvorgänge im neuronalen Netz (unserem Hirn) determiniert. Damit wird in weltanschaulicher Hinsicht eine sehr weitreichende Aussage getroffen.

Neurophysiologen beschäftigen sich mit den Hirnaktivitäten. Und bei dieser Beschäftigung wird der Mensch als Ganzes auf die 1,5 kg graue Masse im Schädel reduziert. Es fehlen die Phantasie und Kreativität, das Ich und das Bewusstsein des Menschen auf einer anderen Ebene als der von Neuronenaktivitäten zu sehen.

In der Bibel finden wir den Menschen beschrieben als Gesamtheit aus Körper, Seele und Geist. Das, was den Menschen wirklich ausmacht, ist also weder der reine, vom Körper unabhängige Geist oder die Seele, noch der Körper (oder enger gefasst, das Gehirn), sondern es ist die Gesamtheit mit allen Teilen.

Es fällt ins Auge, dass die Aussagen Singers und die Aussagen der Bibel sich auf verschiedenen Ebenen bewegen: Während der Mensch bei Singer als ein einfacher Automat betrachtet wird, der zu einem bestimmten Input einen entsprechenden Output liefert, wird der Mensch in den Aussagen der Bibel als Ganzheit betrachtet im Gegenüber zu Gott. Vorrangig geht es hier um Sinn und Ziel des menschlichen Lebens.

Trotzdem bleibt die Frage: Wie frei bin ich als Mensch in meinen Entscheidungen denn nun? Wenn ich nicht frei bin in meinen Entscheidungen, dann muss ich mir ja keine Gedanken mehr über meine Zukunft machen: Alles ist von vornherein festgelegt. Ich muss mir auch keine Gedanken um die Moral und die ethische Verantwortung machen: Ethische Verantwortung kann ich ja nur tragen, wenn ich eine freie Wahl habe. Eigentlich wäre es ja ein leichteres Leben ohne Verantwortung.

Trotzdem: Ich bin doch eine Person und in meinem Innersten weiß ich, dass ich eine Person bin (eben: ich); ich bin mir meiner selbst bewusst. Vielleicht kann ich nicht alles selber entscheiden, aber doch zumindest ein paar Dinge. Aber einem Professor, der mir mit ausgefeilter Rhetorik und ein paar schönen Schemabildern sagen will, dass meine ganz persönliche Erfahrung mit mir selber grundlegend falsch und reine Illusion ist, begegne ich mit erheblichem Misstrauen.

Nun lade ich Sie zu einem kleinen Gedankenexperiment ein: Nehmen wir einmal für kurze Zeit an, Gott hätte uns

Menschen geschaffen, uns mit einem (eingeschränkt) freien Willen ausgestattet und uns die Möglichkeit gegeben, mit ihm Kontakt aufzunehmen. Wenn nun ein Neurophysiologe seine Experimente (natürlich auf rein naturwissenschaftlicher Basis) machen würde: Könnte er überhaupt erkennen, dass der Mensch als Gegenüber Gottes geschaffen wurde und die Möglichkeit zur freien Entscheidung hat?

Sehen wir uns dazu an, wie Experimente in der Hirnforschung grundsätzlich aussehen. Meist werden dabei Probanden irgendwelchen Reizen ausgesetzt (z. B. werden ihnen Bilder gezeigt oder Töne vorgespielt) und dabei wird die Verteilung der Aktivität verschiedener Hirnregionen aufgenommen. Ggf. wird auch die Aktivität einzelner Neuronen gemessen. Aufgrund solcher Messungen kennt man die grundlegenden Bereiche des Gehirns. Man weiß, in welchen Arealen die Hirnaktivität bei welchen äußeren Reizen ansteigt oder abfällt. Man kennt z. B. das Sehzentrum und weiß, wie eine Nervenzelle grundsätzlich funktioniert. Nun muss unser Neurophysiologe – wieder unter Beachtung streng naturwissenschaftlicher Qualitätsstandards – auf Basis der Versuchsergebnisse seine Theorie aufstellen, wie das Hirn funktioniert. Und das nicht nur allgemein als Grundfunktion einzelner Nervenzellen, sondern es sollen auch die höheren Funktionen des Denkens erklärt werden. Denn auch diese höheren Funktionen finden ja offensichtlich im Hirn statt. Natürlich findet ein intelligenter Naturwissenschaftler eine solche Theorie. Diese Theorie wird selbstverständlich auch die untersuchten Phänomene rein natürlich erklären – ein göttliches Eingreifen oder nicht materiell erklärbare Phänomene sind bei naturwissenschaftlichen Untersuchungen ja von vornherein ausgeschlossen (sonst wäre es keine naturwissenschaftliche Untersuchung mehr).

Also: Unser armer Neurophysiologe könnte gar nicht auf die Idee kommen, dass Gott uns als Menschen geschaffen hat und wir vielleicht eine Sensorik für Gott haben, denn das ist aus dem naturwissenschaftlichen Denkansatz heraus von vornherein ausgeschlossen.

Und leider scheint auf den ausgetretenen Fluren deutscher Hochschulen und Forschungseinrichtungen die Fantasie abhandenzukommen, sich vorzustellen, was wäre, wenn man aus der starr vorgegebenen rein naturalistischen Denkschablone ausbrechen würde ...

Und noch ein Problem gibt es in der Neurophysiologie: Das Problem der Komplexität. Man ist bisher noch sehr weit entfernt davon, einfache Gedankengänge auf neuronaler Ebene nachzuvollziehen, sodass man sagen kann: Der Mensch, den wir untersucht haben, hat diesen ganz bestimmten Gedanken gehabt und wir konnten dies aufgrund unserer Beobachtungen auf neuronaler Ebene ermitteln. Wir können die Gedanken des Menschen dadurch lesen, dass wir die Aktivitäten der einzelnen Neuronen betrachten. Dies geht bereits bei einfachen menschlichen Gedanken nicht. Noch viel weniger bei so komplexen Konstrukten wie dem Bewusstsein oder dem Willen einer Person. Die zu untersuchenden Phänomene sind viel zu komplex, um sie mit heutiger Experimentiertechnik lösen zu können.

Aber wir sind ja dabei, immer komplexere Computer zu bauen, und so ist es nicht von vornherein ausgeschlossen, dass in Zukunft ein Computer die Gedanken eines Menschen entschlüsseln wird. Wenn eine solche Entschlüsselung dann gelungen ist, ist damit noch immer nicht geklärt, ob unser Hirn – in welcher Weise auch immer – Informationen von einer nicht materiellen Basis (Gott, Bewusstsein) aufnehmen kann.

Eine andere Position zum Thema Willensfreiheit vertrat John Eccles. In Australien geboren, machte er Karriere in Oxford als Hirnforscher. Für seine Forschungen zur Funktionsweise der Synapsen bei der Reizweiterleitung zwischen den Nervenzellen bekam er 1963 den Nobelpreis für Medizin.

Eccles ging von einem immateriellen »Ich-Bewusstsein« aus. Dieses wird einem Menschen – nach Eccles – nicht erst in die Wiege gelegt; es ist bereits mit der Zeugung da. Das Gehirn ist sozusagen die Hardware. Die Person bzw. das Bewusstsein übernimmt die Funktion des Programmierers, der das Gehirn für seine Belange nutzt.

Für den Katholiken Eccles folgte aus den Überlegungen zu einem immateriellen Geist auch die Hoffnung auf ein Leben über den Tod hinaus.

Mit dem Wissenschaftstheoretiker Karl Popper gemeinsam schrieb er sein wichtigstes Buch *Das Ich und sein Gehirn*.

Zusammenfassend kann man feststellen, dass zwar die rein naturalistischen Positionen im Bereich der Hirnforschung mit besonders reißerischen Formulierungen auffallen, wobei die Schlussfolgerungen für das Zusammenleben in unserer Gesellschaft letztlich nicht zu Ende gedacht sind. Allerdings werden auch andere weltanschauliche Positionen vertreten. Auch in diesem Bereich scheinen die weltanschaulichen Vorentscheidungen (Denkvoraussetzungen) die Interpretation der Ergebnisse naturwissenschaftlicher Untersuchungen stark zu beeinflussen.

Entstehung des Universums

Unter Physikern herrscht heute weitgehend Einigkeit darüber, dass ein Urknall den Beginn unseres Universums markierte. Man spricht hier vom Standardmodell der Kosmologie. Wie ist man auf die Idee eines Urknalls gekommen?

Haben Sie schon einmal auf das Geräusch eines mit Martinshorn vorbeifahrenden Polizeiwagens geachtet? Wenn der Wagen auf mich zukommt, ist der Ton höher. Wenn der Wagen von mir wegfährt, wird das Geräusch tiefer. Je schneller das Auto fährt, desto größer ist der Unterschied in der Frequenz des auf mich zufahrenden und des von mir wegfahrenden Autos. Ähnliche Beobachtungen machte Edwin Hubble in den 20er-Jahren des 20. Jahrhunderts am Mount-Wilson-Observatorium. Er beobachtete allerdings nicht die Geräuschfrequenz eines Martinshorns, sondern die Frequenzverteilung kosmischer elektromagnetischer Strahlung. Hubble stellte fest, dass die Strahlung von weit entfernten Galaxien meist zu höheren Wellenlängen verschoben ist (Rotverschiebung). Daraus schloss er, dass sich diese Galaxien von uns weg bewegen. Nur wenige Galaxien (die uns meist näher liegen) weisen eine Blauverschiebung auf und bewegen sich daher auf uns zu. Hubble entdeckte auch einen linearen Zusammenhang zwischen der Rotverschiebung und der Entfernung zur Erde: Je weiter die Sterne entfernt sind, desto größer ist ihre Rotverschiebung. Diese Beobachtung ist die wesentliche Grundlage für die Annahme, dass das

Weltall sich ausdehnt. Wenn man diese Entwicklung in die Vergangenheit zurück extrapoliert, kann man ausrechnen, wann das Universum aus einem Punkt ohne Ausdehnung heraus entstanden sein muss. Physiker sprechen hier von einem Urknall. Den Zeitpunkt des Urknalls sehen die Physiker vor ca. 14 Milliarden Jahren.

Die folgende Tabelle gibt die wesentlichen Effekte nach dem Urknall so wieder, wie sie derzeit von den meisten Physikern verstanden werden. Dabei tasten sich die Physiker mit ihren Vorstellungen und Schlussfolgerungen immer näher an den eigentlichen Punkt des Urknalls heran.

Zeit nach dem Urknall	Beschreibung
0	Neben der Materie und Energie entstehen beim Urknall auch Raum und Zeit. Vor dem Urknall lassen sich weder Raum noch Zeit definieren, weshalb es sinnlos ist, nach der Zeit vor dem Urknall zu fragen, auch wenn dies unserem natürlichen menschlichen Verständnis widerspricht. Der eigentliche Ursprung ist ein Punkt ohne räumliche Ausdehnung. In diesem Punkt konzentriert sich alle Materie als Brei aus Elementarteilchen mit unvorstellbar hoher Dichte und Temperatur. Bemerkenswert ist außerdem, dass für den Zeitpunkt des Urknalls die Modelle der Physiker im strengen Sinne gar nicht gelten. Erst ab einer sehr kurzen Zeit nach dem Urknall (Planck-Zeit, s. u.), so glaubt man, können die vorhandenen Modelle die Entwicklung des Universums beschreiben.

10^{-43} Sekunden	Diese unvorstellbar kleine Zeitspanne ist die sogenannte Planck-Zeit. Unsere physikalischen Theorien setzen die Existenz von Raum und Zeit voraus. Daher wird die Unsicherheit in der Beschreibung umso größer, je näher wir dem eigentlichen Urknall kommen. Erst ab einer Zeit, die deutlich größer als die Planck-Zeit ist, können die physikalischen Theorien die Abläufe zutreffend beschreiben.
10^{-33} bis 10^{-30} Sekunden	In diesem Zeitraum wird eine sehr starke Ausdehnung des Universums um den Faktor 10^{30} bis 10^{50} angenommen. Man spricht von der Phase der »Inflation«. Diese Ausdehnung kann überlichtschnell erfolgen, obwohl in der Relativitätstheorie die Lichtgeschwindigkeit die maximal mögliche Geschwindigkeit ist, da es sich bei dieser Ausdehnung um das Anwachsen des Raumes selber handelt.
10 bis 100 Sekunden	Die Temperatur ist nach dem Urknall schon erheblich abgesunken, liegt aber immer noch bei ca. einer Milliarde Grad. Protonen und Neutronen verschmelzen durch Kernfusion zu Deuterium und weiter zu Helium. Alle schwereren Elemente entstehen erst wesentlich später im Inneren der Sterne.
300 000 Jahre	Die Temperatur ist auf ca. 4000 K abgesunken. Es entstehen neutrale Atome aus Atomkernen und Elektronen. Elektromagnetische Strahlung wird nicht mehr sofort durch das heiße Plasma absorbiert. Damit wird das Universum »durchsichtig«.
1 Milliarde Jahre	Aufgrund der Gravitation entstehen Galaxien, Sterne und erste schwere Teilchen in den Sternen.

Dieses Standardmodell der Urknalltheorie ist in verschiedenen Varianten seit den 30er-Jahren des 20. Jahrhunderts entwickelt worden. Gegenüber der vorher überwiegend akzeptierten »Steady State«-Theorie besagt das Standardmodell, dass unser Universum einen zeitlichen Anfang hat – eine Vorstellung, die für frühere Physiker sehr gewöhnungsbedürftig war, weil auch sie davon ausgegangen sind, dass Gott nicht in die Schöpfung eingreift. Aber mit dieser Theorie wird ja ein Schöpfergott nahegelegt, der sich hinter dem Urknall verbirgt.

Das Standardmodell macht allerdings keine Aussage zur Ursache des Urknalls. Es könnte ein Gott gewesen sein, der durch den Urknall das Universum geschaffen hat. Dies ist aber nicht notwendig und kann durch die Modelle der Physiker prinzipiell weder bewiesen noch widerlegt werden.

Es gibt Spekulationen, nach denen es immer wiederkehrende »Urknalle« gibt: Dabei dehnt sich das Universum jeweils nach dem Urknall aus. Dann (nach etlichen Milliarden Jahren) zieht es sich durch die zunehmend sich auswirkende Gravitation wieder zusammen und konzentriert sich im »Endknall« wieder auf einen Punkt. Danach geht alles wieder von vorne los. Eine solche Spekulation scheint aber kaum beweisbar zu sein, da es zu den Zuständen vor dem Urknall und nach dem Endknall in unserem Universum keine Informationen geben kann. Information über den Zustand vor einem Endknall kann nicht über den Zustand der Materie, die sich – vor dem nächsten Urknall – in einem Punkt konzentriert, übertragen werden. Es bleibt bei dieser Theorie die Frage, woher das Inventar an Masse und Energie für dieses Universum kommt.

Feinabstimmung der Naturkonstanten[7]

Um die Entstehung des Universums zu erklären, wurden Modelle der physikalischen Gesetze abgeleitet. Diese Modelle sind inzwischen sehr komplex, um alle Messergebnisse zum jetzt vorhandenen Universum beschreiben zu können, wie z. B.

- die Zunahme der Rotverschiebung der Spektrallinien von Galaxien mit zunehmender Entfernung.
- die kosmische Hintergrundstrahlung, die sehr gleichmäßig aus allen Raumrichtungen des Weltalls einstrahlt und nur sehr geringe, aber charakteristische Schwankungen aufweist.
- die beobachteten Mengenverhältnisse der verschiedenen Isotope von Wasserstoff, Helium, Lithium und schwereren Elementen.

Es zeigt sich, dass die Effekte in den Modellen der Physiker sehr genau austariert sein müssen, damit es zur Entstehung unseres Universums kommen kann bzw. nach dem Urknall überhaupt ein Universum entsteht, das Leben ermöglicht. Besonders beeindruckend ist die Feinabstimmung zwischen der Expansionskraft und der Gravitationskraft. Die Kräfteverhältnisse müssen nach den derzeitigen Modellen mit einer Genauigkeit von $1:10^{60}$ aufeinander abgestimmt sein:

- Wäre die Expansion nur geringfügig stärker, käme es nicht zu einer Bildung von Galaxien und Sternen. Alles

---

7   Die folgenden Gedanken basieren auf: Hägele, P. C.: Die moderne Kosmologie und die Feinabstimmung der Naturkonstanten auf Leben hin. In: M. Bröking-Bortfeldt, M. Rothgangel (Hrsg.): Glaube und Denken. Jahrbuch der Karl-Heim-Gesellschaft, 18. Jahrgang 2005. Peter Lang, 2006.

würde auseinanderfliegen. Damit könnte auch kein Leben im Universum entstehen.
- Wäre die Expansion geringer, so wäre das Weltall bereits wieder aufgrund der Schwerkraft in sich zusammengefallen, bevor sich Sterne hätten bilden können.

Es gibt weitere Größen, die sich nach derzeitiger Kenntnis nur in einem sehr eng begrenzten Bereich ändern dürfen, wenn noch ein Universum entstehen soll, in dem Leben möglich ist. So scheint nach den Gleichungen der Physik ein lebensfreundliches Universum nur mit drei Raumdimensionen und einer Zeitdimension möglich zu sein. Weiterhin kann nur genau mit den bekannten Quanten-Energieniveaus die Entstehung von Kohlenstoff aus seinen Vorgängersubstanzen Helium und Beryllium erklärt werden. Eine auch nur geringe Abweichung würde dazu führen, dass in Sternen nicht genügend Kohlenstoff entsteht, der für die Entstehung von Leben erforderlich ist.

Über die Ursachen dieser Feinabstimmung gibt es unterschiedliche Meinungen:

- Anthropisches Prinzip
  Damit man ein Universum mit lebensfreundlichen Bedingungen beobachten kann, muss es ja nicht nur das Universum geben, sondern es muss auch jemand existieren, der dies beobachtet. Universen, in denen kein Leben existiert, können aber prinzipiell nicht beobachtet werden. Daher ist es nicht verwunderlich, dass wir in unserem Universum lebensfreundliche Bedingungen finden. Das anthropische Prinzip besagt also, dass der Beobachter in die Betrachtung des Universums mit einzubeziehen ist. Es erklärt die sehr fein aufeinander abge-

stimmten Vorgänge jedoch nicht. Nach wie vor sind die fein austarierten Kräfteverhältnisse im Universum sehr bemerkenswert und bedürfen einer Erklärung.

Es gibt weitere Varianten des anthropischen Prinzips, die teilweise sehr stark von einer idealistischen Weltanschauung geprägt sind:
- Das Universum muss so beschaffen sein, dass es irgendwann unweigerlich einen Beobachter hervorbringt.
- Beobachter sind notwendig, um das Universum in Existenz zu rufen.
- Im Universum muss intelligentes Leben entstehen und für immer existieren.

- Viele Universen

  Neben unserem Universum könnten sehr viele andere Universen vorhanden sein; alle mit unterschiedlichen Randbedingungen und Naturgesetzen. Wenn nur genügend von diesen Universen vorhanden sind – gerne auch unendlich viele Universen –, wird vermutlich (mindestens) ein Universum darunter sein, in dem sich Leben entwickelt. Zusammen mit dem anthropischen Prinzip wäre es dann nicht verwunderlich, dass wir in unserem Universum Leben finden.

  Die Annahme vieler Universen ist jedoch stark spekulativ. Zudem ist zweifelhaft, ob ein Beweis der Existenz vieler paralleler Universen möglich ist.

- Neue Naturgesetze

  Jeder Physiker hat wohl schon davon geträumt: Was wäre, wenn er die Weltformel finden würde, mit der alles erklärt werden könnte (TOE: Theory of Everything).

Und viele suchen nach der Weltformel, die die vier Grundkräfte in einer vereinheitlichten Theorie beschreibt. (Nein, man redet unter Physikern nicht mehr von den vier Elementen Feuer, Wasser, Luft und Erde, sondern von den vier Grundkräften: die starke und die schwache Kernkraft, die elektromagnetische Kraft und die Schwerkraft.) Wenn eine solche Theorie in Zukunft gefunden wird, dann wird sie hoffentlich keine Konstanten haben, die man an die vorhandenen Messwerte anpassen muss. Dann würde sich die Frage nach der Feinabstimmung der Naturkonstanten nicht mehr stellen. Auch mit einer Supertheorie von allem bliebe aber die Frage, warum das Universum sich in einer so komplexen Art und Weise entwickelt hat, dass schließlich Leben entstehen konnte.

- Alles nur Zufall

Auch der Lottospieler geht davon aus, dass er irgendwann einmal den Millionengewinn machen kann, wenn er Woche für Woche seinen Tippschein ausfüllt. Wenn man es aber rein aus der Sicht der Wahrscheinlichkeitsrechnung sieht, wird man erkennen, dass der Erwartungswert[8] beim Lottospielen negativ ist und man aller Wahrscheinlichkeit nach Verluste dabei machen wird. In diesem Sinne meint derjenige, der sagt, die Feinabstimmung der Naturkonstanten habe sich nur per Zufall ergeben, dass dieser Sechser im Lotto eben rein zufällig entstanden ist. Viel näher liegen jedoch andere Deutungen.

---

8 Der Erwartungswert bei einem Zufallsprozess gibt an, wie viel man im Mittel über alle möglichen Fälle gewinnen bzw. verlieren wird.

Allein die Bezeichnung »Feinabstimmung« legt ja nahe, dass es jemanden gibt, der diese Naturkonstanten gewählt und die Wahl so abgestimmt hat, dass Leben dabei entstehen sollte. Damit entsteht zumindest der Eindruck eines bewussten Schöpfungsvorgangs.

In der naturwissenschaftlichen Diskussion fühlen sich allerdings viele Naturwissenschaftler an die naturalistische Voraussetzung gebunden. D. h., sie setzen für ihre Überlegungen voraus, dass es keinen Eingriff Gottes geben kann. Damit wird der Möglichkeit einer »Schöpfung« im naturwissenschaftlichen Bereich häufig mit starkem Misstrauen begegnet.

Aus meiner Sicht scheint die Feinabstimmung der Naturkonstanten sehr wohl ein Hinweis auf eine Schöpfung durch einen intelligenten Schöpfer zu sein. Es kann jedoch aus der Feinabstimmung keine Aussage über die Eigenschaften oder ggf. Persönlichkeit dieses Schöpfers getroffen werden.

Wie kein anderer hat er die Diskussion unter Physikern um die Kosmologie (Entstehung des Universums) in den letzten Jahrzehnten geprägt: Stephen Hawking.

Zur Person: Stephen Hawking (* 1942)

Einer der berühmtesten lebenden Physiker der Welt ist zweifellos Stephen Hawking. Die Bilder des verkrümmt in einem Rollstuhl sitzenden und nur per Sprachcomputer bzw. Synthesizer kommunizierenden Behinderten sind

um die Welt gegangen. In seiner Studienzeit wurde bei ihm eine Krankheit festgestellt, die dazu führte, dass er heute keinen Muskel mehr bewegen kann. Man gab ihm seinerzeit nur noch eine kurze Lebenszeit. Inzwischen hat er diese Frist um ca. 40 Jahre überlebt. Aber die Krankheit ist immer weiter vorangeschritten, sodass Hawking sich mittlerweile nicht mehr bewegen kann. Er ist dauerhaft auf fremde Hilfe angewiesen. Trotzdem zieht er sich nicht zurück, sondern ist weiter als Wissenschaftler tätig. Er unternimmt Reisen, tauscht sich mit seinen Fachkollegen aus und schreibt Bücher. Es gibt Fotos, die ihn bei einem Parabelflug in Schwerelosigkeit zeigen.
Ein bewundernswerter Mann, der sich trotz einer schrecklichen Krankheit nicht ins Krankenbett zurückzieht.

Sein Interesse gilt vor allem der Astrophysik. Nach Ausbildung in Oxford gelang ihm eine universitäre Karriere in Cambridge. Eine wesentliche Arbeit von ihm befasst sich mit den Schwarzen Löchern. Hawking sagt darin voraus, dass Schwarze Löcher Strahlung aussenden. Bis dahin war man davon ausgegangen, dass aus Schwarzen Löchern nichts herauskommen kann. Der Effekt der Hawking-Strahlung konnte bisher noch nicht experimentell nachgewiesen werden.

Eine weitere Begabung, die Hawking hat: Er versteht es, anschaulich zu schreiben. Mit *Eine kurze Geschichte der Zeit*[9] gelang ihm sein Durchbruch. Dabei trug seine unübersehbare Behinderung sicher erheblich zu seinem Bucherfolg bei. Die Bilder von dem Genie, das an einen nutzlosen Körper gefesselt ist, machen ihn zu einer »Marke«, mit der man viele

---

9 Hawking, S.: Eine kurze Geschichte der Zeit. Übersetzt von H. Kober. Erstauflage (englisch) 1988. Erste dt. Ausgabe 1991; Neuausgabe dt. 2011.

Bücher verkaufen kann. Mit Stolz berichtet er im Vorwort zur Neuausgabe 2011, dass ein verkauftes Exemplar des Buches auf jeweils 750 Menschen kommt, die auf dieser Welt leben. Mit diesem Buch ist Hawking also Millionär geworden – auch ein Argument, warum ein Nachfolgebuch wie *Der große Entwurf* erscheinen musste.

Während er in seiner kurzen Geschichte der Zeit noch nicht endgültig Stellung bezieht, ob das Universum durch Gott geschaffen wurde oder nicht, schreibt er in dem gemeinsam mit Leonard Mlodinov geschriebenen *Der große Entwurf*, dass sich alles zwangsläufig aus dem Nichts entwickelt haben muss. Beide Autoren sehen keinen Platz mehr für Gott als Weltenschöpfer.

In beiden Büchern wird ein kurzer, allgemeinverständlicher Überblick über die theoretische Physik bzw. im Besonderen die Astrophysik gegeben. Ein großer Teil der Forschungen der theoretischen Physik seit der Allgemeinen Relativitätstheorie beschäftigt sich mit der Ableitung einer vereinheitlichten Theorie, in der die Theorien zur Gravitation, der elektromagnetischen Kraft sowie der schwachen und starken Kernkraft zusammengeführt werden. Also: Eine Formel für alles. Mit diesem Anspruch tritt *Der große Entwurf* an. Aber nachdem alle wesentlichen Errungenschaften der modernen Physik erläutert sind, fragt man sich, was denn das wesentlich Neue an dem »großen Entwurf« ist, außer einer (gelungenen) Darstellung des heutigen Standes der Physik. Die Autoren verstehen ihren großen Entwurf als eine Summation aller wesentlichen aktuellen Theorien der Physik. Jede Theorie ist für ihren Anwendungsbereich gültig. Erst die Zusammenschau soll die gesamthafte Beschreibung des Universums ohne Widersprüche ermöglichen. Also wird kein revolutionär neuer Ansatz vorgeschlagen – die vorhandenen Ansätze werden genutzt und genau dies wird als großer Entwurf dargestellt. Damit relativiert sich der hohe, mit dem Titel gestellte Anspruch drastisch.

Nun bleibt die Frage, ob die beiden Autoren recht haben, wenn sie die Behauptung aufstellen, dass mit ihren Theorien ein Schöpfergott nicht mehr nötig ist.

Hawking und Mlodinov beschreiben u. a. die Stringtheorien. Hierbei geht es um Modelle für das Verhalten von Elementarteilchen. Man geht dabei von der Grundvorstellung einer gespannten Saite (engl.: string) aus. Damit löst man sich von der Vorstellung diskreter Elementarteilchen und stellt sich eher das Verhalten einer Welle vor. Die Strings haben eine gewisse (immens kleine) Länge sowie offene oder geschlossene Enden, sie können sich vereinigen oder in mehrere Strings aufteilen. Wenn ein Elementarteilchen z. B. ein weiteres Teilchen emittiert, so teilt sich der entsprechende String in zwei Teile auf.

Ein Problem der Stringtheorien ist, dass sie nur widerspruchsfrei sind, wenn von mindestens zehn Raum-Zeit-Dimensionen ausgegangen wird. Stringtheoretiker haben die spießige Vorstellung, dass es nur drei Raumdimensionen und eine Zeitdimension gibt, längst hinter sich gelassen.[10] Um sich die drei klassischen Raumdimensionen zu veranschaulichen, wird üblicherweise ein Achsenkreuz gezeich-

---

10 Ich denke nicht, dass ich schlauer bin als die Elite der Physikprofessoren. Aber man muss trotzdem fragen, ob neue Erkenntnisse das Mehr an Komplexität bei den physikalischen Theorien, das sie mit sich bringen, wert sind.

net. Ausgehend von einem Achsen-Nullpunkt, gehen drei gerade Achsen in jede Raumrichtung. Von den zusätzlichen »String«-Dimensionen wird nun angenommen, dass die entsprechenden Achsen nicht geradlinig, sondern sehr kleinräumig aufgewickelt und daher für uns nicht erkennbar sind. Auch die Allgemeine Relativitätstheorie kommt zu dem Ergebnis, dass der Raum (bzw. mit der Zeitdimension auch die Raum-Zeit) gekrümmt ist. Dies ist aber durch große Massenansammlungen bedingt und weit entfernt von der Vorstellung der Stringtheorien. Stringtheorien sind in der Physik nicht unumstritten. So ist fraglich, ob sie eine Grundvoraussetzung für naturwissenschaftliche Theorien mitbringen und »falsifizierbar« – also durch Versuchsergebnisse oder theoretische Überlegungen widerlegbar – sind. Durch die Wahl entsprechender Parameter können die Stringtheorien den wesentlichen Naturkonstanten angepasst werden. Insofern kann man die Stringtheorien auch nur als eine Form der mathematischen Beschreibung von Versuchsergebnissen ansehen, die nichts zu neuen Erkenntnissen beitragen.

Die Beschreibung der ab den 1970er-Jahren entwickelten Stringtheorien lässt erahnen, wie komplex die dahinterstehenden mathematischen Modelle und Gleichungen sind. Viele Elemente in den Stringtheorien können bzw. müssen in Anpassung an vorliegende Versuchsergebnisse vorgegeben werden. Insofern muss die Frage erlaubt sein, ob es sich dabei wirklich um eine elegante Theorie handelt, die die Vorgänge so einfach wie möglich beschreibt (Naturwissenschaften sollen eine möglichst einfache und elegante Theorie der Phänomene liefern, mit denen sie sich beschäftigen). Eine Frage, die derzeit als offen bezeichnet werden muss, auch wenn die überwiegende Zahl der forschenden Physiker auf Basis dieser Ansätze forscht.

Hawking schlägt in der *Kurzen Geschichte der Zeit* die sogenannte »Keine-Grenzen-Bedingung« vor. Damit will er ein Problem lösen, das sich bei fast allen Modellen stellt: Wenn anhand eines Modells die Entwicklung des Universums berechnet werden soll, so sind dafür Anfangs- und Randbedingungen erforderlich. Insbesondere die Anfangsbedingungen sind aber nicht genau bekannt. Dies trifft insbesondere für die Urknalltheorie zu. Dort wird davon ausgegangen, dass sich das Universum von einer sehr geringen Größe ausgehend stark erweitert hat. Hawking schlägt nun vor, zusätzlich davon auszugehen, dass die Zeitdimension eine Krümmung aufweist. Die Krümmung soll so beschaffen sein, dass sich wie bei der Kugeloberfläche kein Anfang und kein Ende ergibt. Dies wird zunächst als Hypothese ohne weitere Begründung eingeführt. Als Vorteil der Keine-Grenzen-Bedingung sieht er nicht nur, dass auf die Angabe von Anfangsbedingungen verzichtet werden kann, sondern auch, dass man dann davon ausgehen kann, dass das Universum schon immer existiert hat. Wir bewegen uns sozusagen in einer Zeitschleife (allerdings kann sich alles nur in astronomisch langen Zeitspannen wiederholen). Hawking geht von einem Urknall aus, durch den das uns bekannte Universum entstanden ist und sich immens ausgedehnt hat. Durch die Gravitation wird sich die Ausdehnung verlangsamen, was schließlich dazu führt, dass das Universum in sich zusammenstürzt. Dies wird als Endknall bezeichnet.

Und vielleicht geht dann das ganze Spiel wieder von vorne los. Gegen eine solche endlose Wiederholung von allem spricht allerdings der 2. Hauptsatz der Thermodynamik, nach dem in geschlossenen Systemen die Unordnung mit der Zeit zunehmen muss – es sei denn, dem System wird von außen Energie zugeführt.

In jedem Fall schließt Hawking aus der Keine-Rand-Bedingung, dass kein Raum mehr für einen Schöpfergott bleibt, weil es keinen definierten Anfangszustand gibt, über den Gott die Schöpfung sozusagen in Gang gesetzt haben kann. Das Argument erscheint jedoch nicht zwingend, denn:

1. Die Keine-Rand-Bedingung wird zunächst einmal ohne Begründung als Hypothese eingeführt. Warum diese Art der Festlegung für Anfangs- und Randbedingungen besser ist als eine andere Wahl, erschließt sich nicht.
2. Auch mit der Keine-Rand-Bedingung kann es sein, dass ein Schöpfergott eine Welt geschaffen hat: Gott könnte das Universum so gestaltet haben, dass diese Bedingung ab dem Zeitpunkt der Schöpfung gilt.

Bereits im ersten Kapitel von *Der große Entwurf* lehnen die Autoren die Philosophie ab (»Die Philosophie ist tot«). Aus ihrer Sicht kann nur die Naturwissenschaft (bzw. die Astrophysik im Besonderen) eine Erklärung für die Entstehung der Welt liefern. Sie übersehen dabei völlig die prinzipiellen Einschränkungen der naturwissenschaftlichen Erkenntnisfähigkeit – leider ein häufiger Fehler ambitionierter Naturwissenschaftler.

Die Naturwissenschaft setzt in ihrem Denken voraus, dass bei den Phänomenen, die sie erklären will, Gott nicht eingreift. Wenn Hawking und Mlodinov aber als Denkvoraussetzung Gottes Eingreifen ausschließen[11], ist es kein Wunder,

---

11 Hawking, S.; Mlodinov, L.: DER GROSSE ENTWURF – EINE NEUE ERKLÄRUNG DES UNIVERSUMS. 2. Auflage, Rowohlt, 2010. Siehe S. 36: »Diese Buch stützt sich ganz und gar auf den wissenschaftlichen Determinismus«.

dass in der Erklärung, die sie schließlich für die beste halten, Gott nicht vorkommt. Daraus kann aber lediglich geschlossen werden, dass Hawking und Mlodinov einem klassischen Trugschluss aufgesessen sind. Es ist durchaus normal, dass man die Voraussetzungen, die man gemacht hat, in den Schlussfolgerungen wiederfindet.

In ihrem Buch gehen sie davon aus, dass menschliches Denken und Handeln vollständig determiniert ist: »Daher hat es den Anschein, dass wir lediglich biologische Maschinen sind und dass der freie Wille nur eine Illusion ist«.[12] Wenn die Autoren jedoch über die Entstehung des Universums nachdenken, umfasst dies natürlich ebenso ihre eigene Entstehung und die von allen anderen Menschen. Wenn sie dabei zu der Erkenntnis kommen, dass alles zwangsläufig (determiniert) aus dem Nichts entstanden ist, dann sind sie selber ebenfalls so entstanden. Ihre Gedanken sind somit auch zwangsläufig entstanden – ebenso wie »der große Entwurf«. Können diese Gedanken dann mit der objektiven Wirklichkeit übereinstimmen? Aus meiner Sicht ist dies bei vollständiger Determiniertheit des Menschen nicht möglich.[13] Dies hat aber weitreichende Konsequenzen: Eine objektive Wahrheit gäbe es damit nicht mehr. Ein Gespräch zwischen Menschen wäre sinnlos, weil sie alle determiniert wären. Moralische Schuld könnte es nicht geben. Es wäre nicht länger gerechtfertigt, einen Mörder zu verurteilen, weil seine Taten ja determiniert sind. Einen Sinn oder ein Ziel im Leben zu finden ist damit Illusion.

---

12 Ebenda, S. 35
13 ... auch wenn die Grundzüge der Wirklichkeit im Hirn eines vollständig determinierten Menschen abgebildet sein müssten, da ansonsten der Mensch in einer realen Welt keine Überlebenschance hätte.

Hawking und Mlodinov wenden schließlich ein, dass menschliches Verhalten zwar prinzipiell mittels physikalischer Gleichungen berechenbar sein müsse, dass aber die Berechnung aufgrund der notwendigen Komplexität in der Praxis nicht durchführbar sei. Daher gehen sie von der »effektiven Theorie« aus, dass die Menschen doch einen freien Willen haben. Mit diesem eleganten Schlenker setzen sie den zuvor verkündeten reinen Determinismus wieder außer Kraft. Außerdem wird in dem »großen Entwurf« immer vorausgesetzt, dass es eine Verbindung zwischen den Erkenntnissen in Geist und Hirn des Beobachters und den in der objektiven Realität ablaufenden Vorgängen gibt. Dies erscheint aber nur dann wahrscheinlich, wenn der Beobachter nicht vollständig durch Naturgesetze determiniert ist.

Hawking und Mlodinov geht es vor allem darum, ihre Version einer Multiversum-Theorie vorzustellen. Multiversum-Theorien, die sich seit den 1990er-Jahren großer Beliebtheit erfreuten, gehen davon aus, dass neben dem Universum, in dem wir leben, noch viele andere (Hawking und Mlodinov sprechen von 10^{500}) existieren. Diesen Theorien liegt durchaus ein erkenntnistheoretisches Problem zugrunde: Wenn ich über die Entstehung des Universums nachdenke, setze ich ja implizit voraus, dass es mich (als Denkenden) gibt. Wenn ich dann herausfinde, dass die spontane Entstehung eines Universums aus sich selbst heraus höchst unwahrscheinlich ist, dann liegt der Gedanke nahe, dass das Universum einen Schöpfer hat. Für Menschen mit atheistischer Grundeinstellung ist dann der Gedanke sympathisch, dass es viele Paralleluniversen gibt. Doch nur einige wenige dieser Paralleluniversen können intelligentes Leben ermöglichen. Wenn nun genügend Paralleluniversen angenommen werden, wird schon eines mit intelligentem Leben dabei sein: Damit kann die eigene Existenz zumindest vom Grundsatz her ohne Rückgriff auf einen Schöpfer plausibilisiert werden. Trotzdem bleibt die Frage, warum man so viele Paralleluniversen annehmen sollte.

Hawking und Mlodinov gehen von einigen Voraussetzungen aus, die es in sich haben:

1. Es wird die sogenannte »Keine-Rand-Bedingung« vorgeschrieben. Dabei geht es um die Zeitdimension unmittelbar nach dem Urknall, in der Zeit der sogenannten »Inflation« - d. h. einer Zeit der immensen Ausbreitung des Universums. Hawking und Mlodinov behaupten, dass sie sich in dieser Phase die Zeit wie eine der Raumdimensionen verhält. Zudem werden Raum- und Zeitdimension in einer Weise verzerrt, dass es keinen Anfang der Zeit gibt. Hawking und Mlodinov bemühen die Analogie der gekrümmten Erdoberfläche, bei der auch niemand sagen kann, wo sie anfängt. Die Keine-Rand-Bedingung erscheint als interessante Denkmöglichkeit, wird aber von Hawking und Mlodinov als wesentliche Voraussetzung ihrer Überlegungen angesehen.

2. Hawking und Mlodinov resümieren am Ende der Darstellung ihrer Theorie, sie hätten nach ihrer Ansicht den großen Wurf einer »Theorie von Allem« geschaffen – eine Theorie, mit der das Universum, so wie wir es vorfinden, erklärt werden kann. In ihrer Theorie stützen sie sich jedoch nur auf die vorhandenen physikalischen Theorien, Modelle und Beobachtungen. Die Hypothese der Existenz Gottes haben sie nicht genutzt. Daraus schließen sie, dass es keinen Gott gibt. Dies ist jedoch

ein Fehlschluss, da die These, dass es kein Eingreifen Gottes bei der Entstehung des Weltalls gab, bereits als Voraussetzung ihres naturwissenschaftlichen Ansatzes in ihre Arbeit eingeflossen ist.

Entstehung des Lebens

Wenn man sich mit der Entwicklung des Lebens beschäftigt, hat er diese Diskussion bestimmt wie kein anderer: Charles Darwin (1809–1882). Er hat das zentrale Prinzip der Evolution zuerst beschrieben und gilt als Begründer der Evolutionstheorie. Seine Theorie ist im Kern eigentlich sehr einfach:

- Unter den verschiedenen Exemplaren einer Art finden sich immer wieder Varianten. Die Varianten können weitervererbt werden [Prinzip der Mutation/Variation].

- Durch die natürliche Selektion können im Wesentlichen die »besten« Exemplare überleben [Prinzip der Selektion].

- Durch die beiden o. g. Mechanismen wird die Entwicklung des Lebens aus einer Urzelle erklärt.

Zur Person: Charles Darwin (1809–1882)

Lebensmotto: Erklärung der Entstehung des Lebens durch natürliche Zuchtwahl

Als Sohn eines Arztes sollte Darwin ebenfalls Arzt werden. Aber das Medizinstudium langweilte ihn und er brach es ab. Danach studierte er auf Anraten seines Vaters Theologie. Dieses Studium schloss er zwar ab, wurde dann aber nicht Geistlicher, sondern unternahm eine Weltreise auf dem Forschungsschiff »Beagle« als Begleiter des Kapitäns.

Auf dieser Reise – die insgesamt fünf Jahre dauerte – machte er die verschiedensten Naturbeobachtungen. Besonders berühmt wurden seine Beobachtungen an Finken, die er auf einigen der Galapagosinseln vorfand. Sie wiesen deutliche Unterschiede untereinander auf, insbesondere in der Form ihrer Schnäbel und Gefiederfarben. Er deutete dies als eine Anpassung der Art an die jeweilige Umgebung. Solche Überlegungen waren wohl der Hintergrund für seine Idee von der Entwicklung der Arten.

Eine weitere Inspiration erhielt Darwin durch die Ideen von Thomas Robert Malthus. Die Malthus'sche Bevölkerungstheorie besagt, dass die Bevölkerung immer stärker wächst, als die natürlichen Ressourcen dies zulassen. Demnach sind Hungersnöte, Krankheiten und auch Kriege zwangsläufig und führen zu einer »Anpassung« der Bevölkerung an den vorhandenen Lebensraum. Die Malthus'sche Bevölkerungstheorie ist jedoch inzwischen überholt.

Nach Abschluss seiner Weltreise machte Darwin sich daran, seine Theorie zu durchdenken und durch weitere Beobachtungen abzusichern. Er schrieb ausführliche Artikel hierzu, veröffentlichte diese aber zunächst nicht. Nach zwanzig Jahren der Beschäftigung mit dem Ursprung der Arten sandte ihm Alfred Russel Wallace im Jahr 1857 ein Manuskript mit der Bitte zu, es zu prüfen und zur Veröffentlichung weiterzugeben. Es wies ähnliche Gedanken auf, wie sie Darwin selber hatte. Dadurch fühlte er sich gezwungen, nun seinerseits sein Manuskript abzuschließen und zu veröffentlichen. Er war dabei so fair, der »Linnean Society« seine Abhandlung zusammen mit dem Manuskript von Wallace vorzulegen. Anschließend (1859) veröffentlichte er eine Kurzfassung seines Buches *On the Origin of Species by Means of Natural Selection* (dt.: *Über den Ursprung der Arten durch natürliche Zuchtwahl*).

Seit der Veröffentlichung der Evolutionstheorie sind die philosophischen Konsequenzen daraus kontrovers diskutiert worden. Dies ist bis heute so geblieben. Die Evolutionstheorie will die Entstehung des Lebens auf der Erde, ohne dass ein Gott direkt eingegriffen hätte, erklären. Inzwischen hat sich die Evolutionstheorie in der Hochschullandschaft und im öffentlichen Bewusstsein weitgehend durchgesetzt. Es ist dabei das Verdienst von Darwin (und Wallace), den Mechanismus von Mutation und Selektion zuerst beschrieben zu haben.

Evolution und Denkvoraussetzungen

Kann man überhaupt noch etwas gegen die Evolutionstheorie einwenden?
Zunächst einmal wird auch mit der Evolutionstheorie wieder Naturwissenschaft unter der Voraussetzung diskutiert, dass Gott nicht eingegriffen hat – eine Voraussetzung, die bei der Beschäftigung mit den Ursprungsfragen nicht angemessen ist. Gerade die Frage, ob ein Gott uns geschaffen hat oder nicht, ist doch für die Weltanschauung, die ich wähle, von fundamentaler Bedeutung. Wenn die Ursprungsfragen unter dieser Voraussetzung diskutiert werden, werden die weltanschaulich entscheidenden Fragen einfach ausgeblendet. Dass dann die Entstehung des Lebens ohne Gott erklärt wird, ist klar, liegt aber an den Denkvoraussetzungen und ist nicht das Ergebnis der Untersuchung. Das heißt nicht, dass die Evolutionstheorie falsch sein muss, aber es muss genauso die andere Möglichkeit durchdacht werden, dass Gott die Ursache des Lebens ist.

In der Auseinandersetzung mit der Evolutionstheorie ergeben sich heute drei wesentliche mögliche Einstellungen:

1. **Atheismus:** Das Leben und die Arten sind ohne Eingreifen eines Gottes entstanden und Gott wird auch zur Erklärung der Entstehung von Leben definitiv abgelehnt. Ein Vertreter dieser Denkrichtung ist z. B. Richard Dawkins.

2. **Theistische Evolution:** Die Evolution erklärt die Entstehung der Arten ausreichend. Bei der Entstehung der Arten hat es kein direktes Eingreifen Gottes gegeben. Allerdings wird Gott als Schöpfer des Universums angesehen. Er hat sozusagen den Urknall erzeugt und mit der Entstehung des Universums auch die weiteren Vorgänge geplant. Auch die Entstehung und Entwicklung des Lebens und die Entstehung von Menschen war in Gottes Evolutionsplan bereits vorgesehen. Ein Vertreter dieser Denkrichtung ist Francis S. Collins, der ehemalige Leiter des öffentlichen Human-Genom-Projektes in USA, durch das das menschliche Genom entschlüsselt wurde.

3. **Intelligent Design (ID):** ID bestreitet, dass die Entstehung der Arten ausschließlich durch die Evolution erklärt werden kann. Lediglich kleinere Veränderungen der Lebewesen (Mikro-Evolution) seien durch die Prinzipien der Evolution möglich. Damit eine Änderung einen Überlebensvorteil bietet, ist eine Mindestkomplexität der Änderung erforderlich. Diese nicht reduzierbare Komplexität kann durch natürliche Vorgänge nicht erklärt werden. Es muss ein intelligenter Designer hinter der Entstehung der Arten stecken. Ein wesentlicher Vertreter des Intelligent Design ist Michael Behe (Professor für Biochemie in Pennsylvania, USA).

Einer der lautesten Protagonisten der Evolutionsbiologie ist Richard Dawkins. Ich zögere etwas, ihn als einen Naturwissenschaftler zu bezeichnen, obwohl er auf seinem Fachgebiet sicherlich seine Verdienste hat, die ich nicht schmälern will. Allerdings ist er bekennender und missionarischer Atheist – und diese Bezeichnung trifft die Prioritäten seines Wirkens wesentlich stärker als die Bezeichnung »Naturwissenschaftler«. Seine Meinung in (Un-)Glaubensfragen schimmert sogar durch seine wissenschaftlichen Arbeiten hindurch. Und er lebt von seinen unterhaltsamen populärwissenschaftlichen Veröffentlichungen gar nicht schlecht.

Zur Person: Richard Dawkins (*1941)

Lebensmotto: Atheist und Biologe

Dawkins wird in Nairobi geboren – sein Vater ist Angehöriger der britischen Streitkräfte. Mit acht Jahren kehrt er mit seiner Familie nach England zurück. Nach seinem Studium in England führt ihn ein ca. drei Jahre dauernder Forschungsaufenthalt als Zologe nach Berkeley, Kalifornien. 1995 bis 2008 hat er den renommierten »Charles-Simonyi-Lehrstuhl für das öffentliche Verständnis der Wissenschaft« in Oxford inne.

Dawkins Ruhm als populärwissenschaftlicher Schriftsteller begründet das Buch *Das egoistische Gen*. Er beschreibt darin die Mechanismen der Evolution auf der Basis der Gene.

Im Buch *Der Gotteswahn* wendet er sich gegen religiösen Glauben jeder Art und stellt diesem den Atheismus gegenüber. Nach seiner Vorstellung basiert der Atheismus rein auf der Wissenschaft und erfordert keinen Glauben (bzw. eine Denkvoraussetzung).

Er ist missionarischer Atheist und versucht, diese Weltanschauung zu verbreiten. Er hat die »Richard-Dawkins-Stiftung für Vernunft und Wissenschaft« gegründet.

Dawkins teilt die Menschen – je nachdem, für wie wahrscheinlich sie die Existenz Gottes halten – in sieben Kategorien ein[14]:

1. Gotteswahrscheinlichkeit 100 Prozent: stark theistisch. Oder in Worten von C. G. Jung: »Ich glaube nicht, ich weiß«.
2. Knapp unter 100 Prozent: sehr hohe Wahrscheinlichkeit. »Ich glaube fest an Gott und führe mein Leben unter der Annahme, dass es ihn gibt.«
3. Höher als 50 Prozent, aber nicht besonders hoch. Fachsprachlich: agnostisch, mit Neigung zum Theismus: »Ich bin unsicher, aber ich neige dazu, an Gott zu glauben.«
4. Genau 50 Prozent: Völlig unparteiischer Agnostizismus. »Gottes Existenz und Nichtexistenz sind genau gleich wahrscheinlich.«
5. Unter 50 Prozent, aber nicht sehr niedrig. Fachsprachlich: agnostisch, mit Neigung zum Atheismus. »Ich weiß nicht, ob Gott existiert, aber ich bin eher skeptisch.«
6. Sehr geringe Wahrscheinlichkeit, knapp über null: de facto atheistisch: »Ich kann es nicht sicher wissen, aber ich halte es für sehr unwahrscheinlich, dass Gott exis-

---

14   Dawkins, R: DER GOTTESWAHN. Ullstein, 10. Auflage 2011.

tiert, und führe mein Leben unter der Annahme, dass es ihn nicht gibt.«

7. Stark atheistisch: »Ich weiß, dass es keinen Gott gibt, und bin davon ebenso überzeugt, wie Jung ‚weiß‘, dass es ihn gibt.«

Erstaunlicherweise zählte sich Dawkins zunächst zur Kategorie 6 und ergänzte dann: »… mit starker Neigung zur 7«. Obwohl er selber vehement gegen religiöse Positionen argumentiert, liegt für ihn die Wahrscheinlichkeit, dass es Gott gibt, nicht bei null, sondern sie hat einen (nach seiner Meinung sehr kleinen) positiven Wert. Er erläutert, dass er in demselben Sinn an Gott glaubt, wie man an ein Märchen glaubt.

Für wie wahrscheinlich muss man eigentlich die Existenz Gottes halten, wenn man an ihn glauben soll? Hierzu hat Blaise Pascal (französischer Mathematiker, Philosoph und Christ, 1623–1662) eine interessante Fallunterscheidung gemacht, die als »Pascals Wette« berühmt geworden ist.

1. Fall: Gott existiert und ich glaube an ihn. Gott wird die Menschen, die an ihn glauben, mit dem ewigen Leben belohnen. In diesem Fall habe ich gewonnen.
2. Fall: Gott existiert und ich glaube nicht an ihn. Dann lande ich in der Hölle und habe verloren.
3. Wenn Gott nicht existiert, ist – unabhängig davon, ob ich an Gott glaube oder nicht – mit dem Tod alles aus und ich habe nicht gewonnen, aber auch nichts verloren.

Daraus folgert Pascal, dass der Glaube an Gott die einzige rationale Entscheidung ist. Dies ist auch dann so, wenn man die Wahrscheinlichkeit der Existenz Gottes für sehr gering hält. Aus dieser Sicht müsste Dawkins eigentlich den Glauben an Gott praktizieren, da dies die einzige Möglichkeit ist, im obigen Sinne zu gewinnen.

Natürlich ist diese Argumentation nicht zwingend. So könnte z. B. ein Gott existieren, der zwar das Universum geschaffen hat, allerdings kein weiteres Interesse an den Menschen zeigt, also auch nicht die Gläubigen belohnen wird. Auch in diesem Fall wäre durch einen Glauben weder etwas zu gewinnen noch zu verlieren. Für wie wahrscheinlich man einen solchen Fall hält, muss jeder selber bewerten. Mir erscheint eine solche Überlegung eher abwegig zu sein: Wenn Gott so viel Interesse daran gehabt hat, das Weltall zu schaffen, weshalb sollte er sein Interesse danach verloren haben?

Wenn man die Pascal'sche Wette also ernst nimmt, dann ist der Glaube an Gott auch dann vorteilhaft, wenn die Wahrscheinlichkeit, dass es Gott gibt, aus unserer Sicht relativ gering ist.

Nun geht es bei der Entstehung des Lebens um sehr lang zurückliegende Ereignisse. Hierfür ist eigentlich die Geschichtswissenschaft zuständig, die anhand von Belegen und Indizien historische Abläufe zu klären versucht. Exakte Schlussfolgerungen kann man dabei nicht erwarten. Es bleibt immer eine Rest-Unsicherheit. Dies gilt für jede Theorie über die Entstehung des Lebens. Trotzdem gibt es manche Protagonisten der Evolutionstheorie, die jede Überlegung abseits der Evolutionstheorie als geisteskrank abtun (Dawkins – ein berühmter Atheist – behauptet in seinem Buch *Der Gotteswahn*, bei Menschen, die an Gott glauben, liege eine Wahnvorstellung vor – eben der Gottes-Wahn). (Wenn Dawkins also die entsprechende Macht hätte, müsste man als Christ fürchten, in die Irrenanstalt gesteckt zu werden.)

In der Schule wird glaubwürdig vermittelt, dass die Evolutionstheorie selbstverständlich zum Grundumfang menschlichen Wissens zählt. Für Menschen, die sich außerdem dem Glauben an einen Gott verpflichtet fühlen, ist es naheliegend, dass beides in irgendeiner Weise zusammengebracht und konsolidiert werden muss. Vor diesem Hintergrund ist die Position der theistischen Evolution durchaus attraktiv. Francis S. Collins vertritt diese Harmonie von Glaube und Evolution sehr glaubwürdig.[15]

Zur Person: Francis S. Collins (*1950)

Lebensmotto: Entschlüsselung des menschlichen Genoms

Collins studierte Chemie und war fasziniert von der Logik und Eleganz der theoretischen Physik. Dann lernte er die Biochemie kennen und bemerkte, dass auch die dieser zugrunde liegenden Vorgänge mit streng intellektuellen Methoden verstanden werden können. Er orientierte sich neu, studierte Medizin und fand dadurch zum Thema seines Lebens: der Genetik. Er wollte helfen, Krankheiten zu heilen, die durch genetische Effekte ausgelöst werden.

Als Forschungsstipendiat in Yale Anfang der 1980er-Jahre geriet er an ein neues Thema: die Sequenzierung von DNA – d. h. die Bestimmung der Abfolge der Basenpaare in der Erbsubstanz des Menschen. Es ging damals um relativ kurze Sequenzen, die Collins ermittelte, um

---

15 Collins, F S.: GOTT UND DIE GENE – EIN NATURWISSENSCHAFTLER ENTSCHLÜSSELT DIE SPRACHE GOTTES. Herder Verlag, 2012.

mögliche Therapien für genetisch bedingte Krankheiten zu entwickeln.

Dabei dachte er nicht im Traum daran, dass es einmal möglich sein könnte, das gesamte menschliche Genom zu entschlüsseln. Einige Jahre später begann zunächst eine Diskussion darüber, ob ein solches Vorhaben aufgrund seiner Komplexität überhaupt durchführbar sei. Inzwischen leitete Collins ein biochemisches Forschungslabor und beschäftigte sich schwerpunktmäßig mit der genetischen Ursache der Mukoviszidose. Wieder fand er die Lösung seiner Aufgabe in der Entschlüsselung der dafür verantwortlichen Gene. Dann wurde er Leiter des öffentlichen Human-Genom-Projektes – ein Mammut-Vorhaben, bei dem ca. 2000 Wissenschaftler über zehn Jahre lang das gesamte menschliche Genom entschlüsselten. Es hatte etwas von einem Drama, als der schillernde Unternehmer Craig Venter in Konkurrenz zu dem öffentlichen Human-Genom-Projekt mit der Entschlüsselung des menschlichen Erbgutes begann und zudem die Patentierung der gefundenen Gene beantragte. Es setzte sich in der Auseinandersetzung im US-amerikanischen Kongress jedoch Collins' Meinung durch, nach der das menschliche Genom in keinem Fall patentierbar sein dürfe. 2009 wurde er zum Leiter des National Institute of Health berufen. Dort koordiniert er die medizinische Forschung der USA.

In seiner Jugendzeit beschäftigte sich Collins kaum mit Religion. Als Jugendlicher wurde er zum Agnostiker. Im Laufe seines Studiums wandelte er sich zum Atheisten. Entscheidende Impulse zur Auseinandersetzung mit dem christlichen Glauben bekam er durch seine Tätigkeit als Arzt im Umgang mit schwer kranken und sterbenden Menschen. Heute bezeichnet er sich als gläubigen Christen.

Collins ist es ein Anliegen, die scheinbar widerstreitenden Erkenntnisse der Evolutionstheorie mit seinem christlichen Glauben zu versöhnen. Dies ist verständlich, da es hier um sein berufliches Lebensthema – die Genetik – und seinen persönlichen Glauben an Gott geht. Er kommt zu dem Ergebnis, dass es keinen Widerspruch zwischen der Evolutionstheorie und dem Glauben an Gott gibt.

Gott hat nach Meinung von Collins bei der Entstehung des Universums, also dem Urknall, definitiv eingegriffen. Er formuliert: »Der Urknall schreit nach einer göttlichen Erklärung«. Die weitere Entwicklung hatte Gott nach Collins' Meinung bereits im Urknall vorgeplant.

Collins datiert die Erde in Übereinstimmung mit den gängigen kosmologischen Modellen auf ein Alter von ca. 4,5 Mrd. Jahre. Die Basis dafür sind Überlegungen zum radioaktiven Zerfall und der Häufigkeit auf der Erde gefundener radioaktiver Isotope. In Gesteinen, die auf ein Alter von ca. 3,8 Mrd. Jahre geschätzt werden, wurden erste Formen von mikrobischem Leben festgestellt. Aber wie hat sich das erste biologische Leben entwickelt? Die Meinung von Collins: »In der Tat ist es so, dass wir es zum jetzigen Zeitpunkt einfach nicht wissen.« Er sieht hier zwar die Möglichkeit, dass Gott eingegriffen hat, allerdings könnte sich nach seiner Meinung durch neue Erkenntnisse der Forschung eine plausible natürliche Erklärung für die Entstehung des ersten Lebens auf der Erde ergeben. Und er will nicht, dass die Argumente für die Existenz Gottes an den noch vorhandenen Wissenslücken bei der Entstehung des Lebens hängen. Solche Wissenslücken könnten seiner Meinung nach allzu schnell geschlossen werden. Dann wäre der Glaube an Gott diskreditiert.

Vom Grundsatz her könnte die derzeit bestehende Wissenslücke aber auch prinzipieller Natur sein. D. h. je intensiver sich Wissenschaftler mit der Entstehung des ersten Lebens auf der Erde beschäftigen, desto mehr würde man sich der Wissenslücke bewusst werden und man würde einer Lösung der Frage nicht näherkommen. Könnte die jetzt in der Evolutionsforschung feststellbare Situation genau diese Ernüchterung widerspiegeln, dass man auch nach einer Vielzahl von Hypothesen und Ursuppen-Versuchen noch immer feststellen muss, dass man den Ursprung des Lebens im Einzelnen einfach (noch immer) nicht nachvollziehen kann? Wenn dieser Zustand von Dauer ist, dann ist Collins in seiner Argumentation zu vorsichtig und das Fehlen von eindeutigem Wissen zum Ursprung des Lebens auf der Erde ist ein eindeutiges Argument für einen göttlichen Ursprung.

Die weitere Entwicklung des Lebens nach seinem ersten Auftreten und die Entstehung der Arten erfolgte nach Meinung von Collins ganz klar gemäß den Erkenntnissen der Evolutionstheorie. Danach hat Gott zunächst ein oder einige wenige Lebewesen geschaffen, in denen bereits die Möglichkeit zur Weiterentwicklung der Arten angelegt war. Collins findet die Vorstellung, dass Gott die Entwicklung der Arten durch den Prozess der Evolution geplant hat, ebenso bewundernswert wie den Gott, der jede Art einzeln erschuf.

Ob Gott dann später bei der Entstehung der ersten Menschen eingegriffen hat, lässt Collins aber wiederum offen.

Bei der von Collins vertretenen theistischen Evolution bleibt aber die Frage: Kann ein Gott der Liebe in der Schöpfung so etwas wie das Evolutionsprinzip – das »Überleben des Stärkeren« – angelegt haben? Das Überleben des Stärkeren impliziert ja indirekt auch das Leiden und ggf. Sterben des Schwächeren.

Damit sind wir bei der Frage nach der Herkunft des Leides in dieser Welt angekommen. Wie sehr man sich dabei verhaspeln kann, wenn man versucht, einem Leidenden sein Leid zu erklären und ihm Ratschläge zu geben, kann man klassischerweise im Buch Hiob nachlesen. Das macht mich vorsichtig mit allgemeinen Aussagen zum Thema Leid.

Collins empfiehlt einem Wissenschaftler, der sich damit auseinandersetzt, warum ein liebender Gott Leiden zulässt: »Erkennen Sie, dass ein großer Teil des Leidens durch unsere eigenen Taten oder die anderer Menschen entsteht und dass das in einer Welt, in der die Menschen über einen freien Willen verfügen, unvermeidbar ist. Verstehen Sie auch, dass, wenn Gott real ist, seine Absichten nicht immer auch die unseren sind. Auch wenn es schwer zu akzeptieren ist, die komplette Abwesenheit von Leid kann nicht im Interesse unserer spirituellen Entwicklung sein.«[16]

Er schreibt dies nicht als Unbeteiligter, der sein Leben lang auf einer Erfolgswelle weit oben geschwommen ist. Er berichtet, dass seine Tochter bei einem Einbruch vergewaltigt wurde und sie und ihre Familie daher Leid erlebt haben.

---

16 Collins, F. S.: GOTT UND DIE GENE – EIN NATURWISSENSCHAFTLER ENTSCHLÜSSELT DIE SPRACHE GOTTES, S. 189.

Anhänger des ID gehen davon aus, dass ein intelligenter Designer das Universum und auch die einzelnen Arten geschaffen hat. Und Anhänger des ID legen Wert darauf, dass sie wissenschaftlich arbeiten. Sie versuchen also die These vom intelligenten Designer des Universums durch wissenschaftliche Überlegungen zu beweisen oder zumindest plausibel zu machen.

Mikro-/Makro-Evolution

Auch ID-Anhänger erkennen an, dass Evolution stattfindet, wie es z. B. die verschiedenen Schnabelformen der Darwinfinken nahelegen. Aber sozusagen »live« verfolgen konnte man bisher nur kleinere Variationen, die auf diese Weise entstanden sind. Wenn der Mechanismus von Mutation und Selektion aber wirklich die Ursache für die Entwicklung des Lebens aus der Urzelle ist, müssen auch wesentliche Neuerungen und größere Änderungen hierdurch entstanden sein. Hierbei wird zwischen Mikro- und Makro-Evolution unterschieden. Bei der Mikro-Evolution geht es nur um kleinere Variationen im Erbmaterial einer Art. Dagegen geht es bei der Makro-Evolution um die Entstehung ganz neuer Arten oder neuer Organe und Funktionen. Reicht nun der Mechanismus von Mutation und Selektion aus, um nicht nur die Mikro-, sondern auch die Makro-Evolution zu erklären?

Nicht reduzierbare Komplexität

Seit Darwin wird die Entstehung der Arten und auch komplexer neuer Organe als ein schrittweiser Prozess verstanden, bei dem viele kleine Veränderungen im Genom der vorhandenen Lebewesen erfolgen. ID wendet hier ein, dass erst das komplett entwickelte Organ die neuartige Funktion erfüllt und damit einen Vorteil in der Evolution darstellt. Da die Zwischenschritte keinen evolutionären Vorteil bieten, werden sie auch nicht selektiert. Es müssten also viele einzelne Mutationen stattfinden, die notwendig für die Bildung eines neuen Organs wären, aber diese einzelnen Änderungen hätten alle keine positive Auswirkung auf die Überlebensfähigkeit des Lebewesens. Erst wenn alle Änderungen vollständig realisiert wären, könnte das neue Organ funktionieren und im Überlebenskampf einen Vorteil bieten.

Als Beispiel für solche nicht reduzierbare Komplexität nennt Behe unter anderem die Geißel der Bakterie, die dieser die Möglichkeit zur Bewegung gibt. Sie besteht aus etwa 30 verschiedenen Proteinen. Wenn eines der 30 Proteine nicht mehr funktioniert – z. B. durch eine Mutation –, dann ist der gesamte Mechanismus nicht mehr funktionsfähig.

Wenn man nun näher untersuchen will, wie eine solche neue Funktion entstanden ist, dann muss die ganze Entstehungsgeschichte in den erforderlichen Einzelschritten betrachtet werden, z. B. sollte gefragt werden:
- Ist die Geißel mit nur geringen Änderungen aus einer bereits anderweitig vorhandenen Vorstufe entstanden?
- Welche Gene und Proteine sind im Einzelnen an dem Organ beteiligt?
- Wie viele einzelne Mutationen sind (mindestens) erforderlich, um die neue Form hervorzubringen?
- Hatten Zwischenformen bereits einen evolutionären Vorteil, der das bevorzugte Überleben dieser Variante sichert?

Es reicht aber nicht aus, nur eine mögliche Folge von Einzelveränderungen aufzulisten, um nachzuweisen, dass das neue

Organ wirklich durch diese entstanden ist. Vielmehr geht es auch darum, abzuschätzen, wie wahrscheinlich es ist, dass diese Änderungen stattgefunden haben. Hierzu gibt es recht genaue Vorstellungen davon, wie wahrscheinlich eine (punktuelle) Mutation im Genom ist. Damit kann zumindest grob abgeschätzt werden, wie wahrscheinlich die Entstehung dieses Organs ist und ob die vorhandene Zeitdauer zur Entwicklung ausreicht. Solche Berechnungen wurden vielfach angestellt, scheinen jedoch bisher keine sinnvollen Ergebnisse zu liefern, da utopisch lange Entwicklungszeiten herauskommen.[17]

Nun kann dies einerseits daran liegen, dass die (Makro-) Evolution in Wirklichkeit nicht so stattgefunden hat. Andererseits kann es sein, dass unsere Modellvorstellungen vom Ablauf der Evolution bisher nicht die Wirklichkeit treffen und uns einige Mechanismen der Evolution weiterhin unbekannt sind. Dabei kann man immer auf noch unbekannte Forschungsergebnisse in der Zukunft verweisen, die die bisherige Vorstellung der Makroevolution bestätigen. Solche neuen Erkenntnisse können nie ausgeschlossen werden. Daher kann auch die Evolutionstheorie für die Makroevolution nie ganz verworfen werden. Somit kann das ID seine Vorstellung eines intelligenten Designers niemals endgültig beweisen.

<hr>

17 Die Ausführungen basieren auf einem Artikel von Prof. Siegfried Scherer, Lehrstuhl für mikrobielle Ökologie an der TU München: »Makroevolution molekularer Maschinen: Konsequenzen aus den Wissenslücken evolutionsbiologischer Naturforschung«. In: Hahn, H. J.; McClary, R.; Thim-Mabrey, C.: ATHEISTISCHER UND JÜDISCH-CHRISTLICHER GLAUBE: WIE WIRD NATURWISSENSCHAFT GEPRÄGT? Forschungssymposium vom 2. bis 4. April 2008 an der Universität Regensburg.S. 95–149.

Auch wenn ich hier versucht habe, den Stand der Diskussion zur Evolution wiederzugeben, kann ich als Nicht-Biologe die einzelnen Argumente doch nicht wirklich bewerten. Ich bin auf einige Artikel von Fachleuten angewiesen, deren Argumente ich plausibel finde. Aber die einzelnen Argumente einer Fachdiskussion erscheinen mir nicht entscheidend zu sein; wesentlich ist vielmehr, sich über die Denkvoraussetzungen klar zu werden, die den jeweiligen Positionen zugrunde liegen.

Viele Atheisten stehen auf dem Standpunkt, dass in Bezug auf die Evolution alles Wichtige bereits bekannt ist und auch die Makro-Evolution ganz klar bewiesen wurde. Mir persönlich klingen solche Aussagen jedoch eher nach »Denkvoraussetzungen«. Auch Collins – als Christ – geht davon aus, dass die Makro-Evolution durch die Evolutionsbiologie erklärt werden kann. Nach seiner Meinung fehlen nur noch einzelne neue Erkenntnisse für ein vollständiges Bild der Evolution.

Trotzdem scheint mir der Ansatz des Intelligent Design (»Das Universum wurde durch einen intelligenten Designer geschaffen«) aus einer sehr grundsätzlichen Perspektive genauso berechtigt zu sein wie der naturwissenschaftliche Ansatz (»Wir suchen nach einer innerweltlichen Erklärung«). Beide Ansätze fußen auf einer Denkvoraussetzung. Daher liefern ID-Studien als Ergebnis zwangsläufig einen Hinweis auf einen intelligenten Designer und Studien zur Evolutionstheorie müssen zwangsläufig zum Ergebnis einer natürlichen Entwicklung des Lebens kommen.

Merkwürdigerweise ist in allen Kulturen eine Ethik verankert. Die Menschen wissen, was gut und böse ist und wie man sich zu verhalten hat. Nach der Evolutionstheorie würde man zunächst erwarten, dass sich einfach die stärksten Exemplare einer Gattung durchsetzen und eine Ethik oder Moral einfach nicht vorhanden ist. Nach der Evolutionstheorie kann ethisches Verhalten nur dadurch entstanden sein, dass dies einen Überlebensvorteil bot, indem die Gruppe durch die gelebte Solidarität besser überleben konnte. Ethik beschäftigt sich aber am häufigsten mit der Solidarität mit den Schwachen, die keine Chance haben, zum Überleben der Gruppe beizutragen: Alte, Kranke, Behinderte und sogar Fremde (mit fremden Genen). Wenn man Ethik ausschließlich vor dem Hintergrund der Evolution interpretiert, dann muss man eigentlich zwei Schlussfolgerungen ziehen:

1. Ethisches und uneigennütziges Verhalten ist eigentlich eine Fehlsteuerung, da ein Verhalten geübt wird, das im Überlebenskampf nicht vorteilhaft ist.

2. Wenn die Herkunft des Menschen ausschließlich durch die Evolution erklärt wird, muss es sich bei der Verankerung von ethischem Verhalten um einen genetisch bedingten Effekt handeln. Ethik als geistige Größe ist demnach nicht vorstellbar und wäre lediglich eine Vorspiegelung unserer Gene. Wir Menschen wären daher dem blinden Spiel der Kräfte (der Evolution) ausgeliefert. Warum ein Mensch sich liebevoll und ethisch sowie moralisch richtig verhalten sollte, kann auf Basis der Evolution nicht begründet werden.

Ein besonders trübes Kapitel wird aufgeschlagen, wenn man sich mit den Schlussfolgerungen der Evolutionstheorie in Bezug auf die Ethik beschäftigt. Darwin konnte noch schreiben: »In einer künftigen Zeit, die nach Jahrhunderten gemessen nicht einmal sehr entfernt ist, werden die zivilisierten Rassen der Menschheit wohl sicher die wilden Rassen auf der ganzen Erde ausgerottet und ersetzt haben.«[18] Und weiter: »Die zivilisierten sogenannten kaukasischen Völker haben die Türken in ihrem Existenzkampf weit übertroffen. Wenn wir uns die Welt in nicht allzu ferner Zukunft betrachten, welch endlose Zahl niederer Völker wird dann von den höher zivilisierten Völkern auf der ganzen Welt ausgelöscht worden sein!«[19]

Darwin lebte in der Zeit vor dem Nationalsozialismus. Daher konnte er solche Gedanken noch äußern. In unserer heutigen Zeit ist überdeutlich geworden, dass ohne einen Bezug auf Gott eine Ethik nicht begründet werden kann und ein Gemeinwesen, das ausschließlich auf einer »Ethik« der Evolution aufbaut, unmenschlich werden muss.

Ein Zeitgenosse Darwins war der Augustinermönch Gregor Mendel. Auch er beschäftigte sich mit dem Thema Vererbung. Aber die Forschungen von Mendel fanden unter anderen weltanschaulichen Voraussetzungen statt. Aus dem Biologieunterricht sind bei manchen sicher noch die Mendel'schen Regeln hängen geblieben.

---

18 Darwin, Ch.: DIE ABSTAMMUNG DES MENSCHEN. Kröner 1982, S. 203
    (zitiert nach Lennox, J.: Gott im Fadenkreuz. SCM R. Brockhaus 2013).
19 Darwin, Ch.: LIFE AND LETTERS I. Brief an W. Graham v. 3. Juli 1881, S. 316
    (zitiert nach Lennox, J.: Gott im Fadenkreuz).

Mendel untersuchte Erbsen und fand damit die wesentlichen Grundlagen der Vererbungslehre heraus. Vor ihm hatten dies schon viele andere versucht, aber niemand war so systematisch vorgegangen wie Mendel. Er suchte sich 22 verschiedene Erbsensorten für seine Untersuchungen aus. An diesen Erbsen betrachtete er ganz bestimmte Eigenschaften, wie etwa die Farbe der Blüten (rot oder weiß), die Form der Samen (eckig oder rund) oder die Farbe der Samenschale (weiß oder grau). Bei seinen Versuchen überließ er kaum etwas dem Zufall: Er entfernte frühzeitig die Staubgefäße, um sicherzugehen, dass sich die Erbsen nicht selbst bestäuben konnten. Dann schützte er die Blüten mit kleinen Beuteln vor Fremdbefruchtung. Er erzeugte nicht nur einzelne Exemplare bei seinen Kreuzungsversuchen, sondern immer eine ganze Population. Und die Ergebnisse wertete er statistisch aus. Die drei Mendel'schen Gesetze, die er schließlich ableitete, scheinen aber zu seiner Zeit niemanden so richtig interessiert zu haben. Erst nach seinem Tod wurde seine Leistung als Grundlegung einer modernen Genetik gewürdigt. Ohne dass er etwas über die chemischen Grundlagen wusste, wie etwa die DNA, fand er heraus, dass potenziell zwei »Faktoren« vorhanden sind, die die Ausprägung der einzelnen Merkmale bestimmen können. Heute weiß jedes Schulkind, dass Körperzellen immer einen doppelten Chromosomensatz aufweisen. Schließlich wurde Mendel zum Abt seines Klosters in Brünn gewählt und hatte damit andere Aufgaben, sodass seine naturwissenschaftlichen Arbeiten zurücktreten mussten.

Mendel hatte eine christliche Motivation für seine Forschungen: Er wollte die Wunder der Schöpfung verstehen lernen.

Was passiert beim Denken?

In den 1980er-Jahren führte Michael Persinger in Kanada Versuche durch, die ihn berühmt machten. Er setzte seinen Probanden einen umgebauten Motorradhelm auf. In diesen Helm eingebaut war eine Einrichtung zur elektromagnetischen Stimulation des Scheitellappens im Gehirn. Persinger ging von der Erkenntnis aus, dass die neurologische Aktivität in bestimmten Regionen des Scheitellappens steigt, wenn sich der Proband mit religiösen Dingen beschäftigt – also spirituelle Erfahrungen macht. Nun machte Persinger es umgekehrt und stimulierte die »Religionsregion« des Gehirns. Dabei erlebten viele Probanden religiöse bzw. meditative Erfahrungen/Zustände. Persinger schloss daraus, dass das Phänomen »Religion« einfach im Hirn induzierbar ist und keiner unabhängigen Wirklichkeit entspricht. Daraufhin verkündete er, die Existenz Gottes widerlegt zu haben. Allerdings ist er wohl einem logischen Fehlschluss aufgesessen. Denn: Nehmen wir an, die Probanden hätten ein Pferd gesehen. Dann hätte Persinger mit der gleichen Logik schließen müssen, dass es keine Pferde gäbe. Wenn es also Gott unabhängig von unserer Beobachtung gibt, dann kann man ihn durch Manipulationen im menschlichen Hirn nicht widerlegen.

Manche Hirnforscher gehen davon aus, dass jeder Mensch vollständig durch seinen Körper – und insbesondere sein Gehirn – determiniert ist. Geist, Persönlichkeit und Bewusstsein sind danach allenfalls Artefakte eines Körpers – in jedem Fall aber nicht selbstständig existent. Diese Annahme ergibt sich für sie aus einer konsequenten Anwendung der naturwissenschaftlichen Denkweise. Wenn ich nun ein Gespräch mit einem solch »vollständig determinierten« Menschen führe: Wie soll ich seine Aussagen einordnen? Er ist ja determiniert und die Frage, ob seine Aussagen der Wahrheit entsprechen, erscheint sinnlos. Ob die Beobachtungen, die er mir mitteilt, auf realen Vorgängen basieren oder er mir nur das Resultat der in seinem Hirn gerade aktiven Neuronen übermittelt, ist dann letztlich nicht entscheidbar. Damit scheint ein echtes Gespräch nicht möglich zu sein.

Eine Grunderfahrung, die ich gemacht habe, widerspricht dem jedoch völlig: Ich bin mir sicher, dass ich als Person existiere und ein Bewusstsein habe. Und ich bin mir ziemlich sicher, dass ich zumindest in einigen Fragen meines Lebens mich frei entscheiden kann. Das sind dann wohl meine Denkvoraussetzungen.

Seit den 1980er-Jahren hat die Hirnforschung einen erheblichen Aufschwung genommen. Besonders die neuen bildgebenden Verfahren (Computertomographie, MRT usw.) ermöglichten es, dem Hirn quasi beim Denken zuzuschauen. So konnten das Gehirn kartiert und jedem Bereich entsprechende Funktionen zugewiesen werden.

Darüber hinaus wurde die Aktivität einzelner Nervenzellen beobachtet, indem das elektrische Potenzial von Zellen »abgeleitet« und aufgezeichnet wurde. Dies ermöglichte Erkenntnisse darüber, wie die Signale, die über die einzelnen Sinnesorgane aufgenommen werden, verarbeitet werden und letztendlich zum Erkennen der Situation führen sowie zur Ableitung von Handlungen, die sich hieraus ergeben.

Die grundlegenden Funktionen des Gehirns sind nun weitgehend verstanden. Nun rücken zunehmend die höheren Funktionen des menschlichen Denkens in den Fokus der Forscher:
-   Wie kommt es zum menschlichen Bewusstsein?
-   Wie wird Wissen im Gehirn gespeichert?
-   Gibt es Geist und Seele?

Bei all diesen Untersuchungen müssen sich die Naturwissenschaftler natürlich streng an ihre Denkvoraussetzungen halten, was dazu führt, dass nur nach einer innerweltlichen Erklärung für die untersuchten Phänomene gesucht wird. Daher ist es verständlich, dass bisher noch kein Bereich des Gehirns entdeckt wurde, der als Antenne zum Empfang göttlicher Botschaften dient. Dies ist jedoch kein Ergebnis der Forschungen, sondern eine Denkvoraussetzung, die sich aus dem naturwissenschaftlichen Denkansatz ergibt. Man muss sich daher nicht wundern, wenn die Voraussetzungen, mit der man in die Forschungen hineingegangen ist, am Ende auch wieder herauskommen.

Wenn man den Menschen ausschließlich als biologische Maschine ansieht, wird Forschung in diesem Bereich noch aus einem anderen Grunde schwierig: Forscher wollen und sollen das Objekt ihrer Forschung nur mit dem scheinbar objektiven und unbeteiligten Blick des Naturforschers betrachten. Geht das eigentlich? Kann ein Forscher naturwissenschaftliche Forschung betreiben, bei der es um die menschlichen intellektuellen Eigenschaften geht – also auch die Eigenschaften des Forschers selber? Wenn Beobachter und beobachtetes Objekt also letztlich identisch sind, dann wird es schwierig: Kann ich die Ergebnisse der Beobachtung wirklich als objektiv interpretieren oder gehen die Denkvoraussetzungen und das Selbstverständnis des Beobachters bewusst oder unbewusst mit in die Ergebnisse ein? Gerade bei der Untersuchung menschlicher Denkvorgänge muss man mit seinen Schlussfolgerungen sehr vorsichtig sein, um sich nicht selber zu betrügen.

Wenn man von einer materialistischen Interpretation menschlichen Denkens ausgeht, muss man zudem annehmen, dass einige der Erfahrungen, die uns Menschen unmittelbar zugänglich sind, negiert werden müssen: die Erfahrung, dass ich als Mensch existiere, mir meiner selbst bewusst bin und die Freiheit habe, mich zumindest in einigen Fragen frei zu entscheiden. Dies sind nach materialistischer Auffassung alles nur Artefakte der Neuronentätigkeit in meinem Gehirn. Da mir die Erkenntnis, dass ich existiere und gewisse Freiheiten habe, aber viel näher liegt als die Theorien von (materialistischen) Neurowissenschaftlern, ist meine Entscheidung klar: Einer rein materialistisch orientierten Interpretation der menschlichen Person kann ich nicht folgen.

Gerade wenn wir über das Denken nachdenken, bestimmen die Denkvoraussetzungen und weltanschaulichen Vorfestlegungen weitgehend die Ergebnisse der Untersuchungen. Wenn die eigene menschliche Persönlichkeit nicht nur Subjekt, sondern auch Objekt der Untersuchung ist, dann kann das Ergebnis den Menschen nicht vollständig beschreiben. Wie werden hierauf bei der Betrachtung der Gödel'schen Unvollständigkeitssätze noch zurückkommen.

Naturwissenschaften haben in unserer Zeit weitgehend die Deutungshoheit bei der Erklärung der Welt. Nach einigen Jahrhunderten der naturwissenschaftlichen Forschung gibt es zu allen denkbaren Themen naturwissenschaftliche Ergebnisse, die das Gesicht unserer heutigen technischen Welt prägen. Es scheint sich um ein geschlossenes System zu handeln, das die ganze Welt erklärt, ohne dass eine Alternative möglich wäre. In diesem Zusammenhang ist auch der Glaube an Gott scheinbar nicht mehr notwendig und wird als überflüssig angesehen.

Andererseits gibt es aber naturwissenschaftliche Erkenntnisse, die die Grenzen der wissenschaftlichen Erkenntnisfähigkeit aufzeigen. Dies sind insbesondere:

- die Heisenberg'sche Unschärferelation
- der 2. Hauptsatz der Thermodynamik
- der Gödel'sche Unbestimmtheitssatz

Heisenberg'sche Unschärferelation

Werner Heisenberg fand 1927 heraus, dass Ort und Impuls eines Teilchens nicht beliebig genau gemessen werden können. Dabei dachte er nicht so sehr an größere Gegenstände als vielmehr an Elementarteilchen. Die Formel, die sich aus seiner Forschung ergibt, lautet:

$$\Delta p \, \Delta x \geq h$$

Δp ist dabei die Genauigkeit der Impulsmessung,
Δx ist die Genauigkeit der Ortsmessung und
h ist das Planck'sche Wirkungsquantum $= 6{,}6 \cdot 10^{-34}$ J s.

Am einfachsten kann man sich die Unschärferelation mit der folgenden Überlegung veranschaulichen: Wenn ich den Ort eines Elementarteilchens messen will, muss ich es beobachten. Dies kann ich nur, wenn Licht darauf trifft und von dort reflektiert wird, sodass ich die Strahlen »sehen« kann. Mit anderen Worten: Ich muss Lichtquanten auf das Teilchen abschießen. Wenn ich das Teilchen treffe, wird es aber durch den Zusammenprall mit dem Lichtquant seinen Impuls ändern und ich kann den ursprünglichen Impuls nicht mehr ermitteln.

Aus physikalischer Sicht kann man also den Ort und den Impuls eines Teilchens nur als eine Wahrscheinlichkeitsverteilung über den Raum bzw. über die möglichen Impulse angeben. Physiker sagen sogar, dass die Wirklichkeit nicht unabhängig von der Messung existieren kann.

Vor dem Durchbruch der Quantentheorie sahen die Physiker als Ziel der Physik an, das ganze Weltall zumindest im Prinzip berechenbar zu machen: Wenn ich die Anfangs- und Randbedingungen nur genau genug angeben kann, muss die Entwicklung des Universums und aller seiner Teile grundsätzlich bis in alle Einzelheiten berechenbar sein.

Mit der Heisenberg'schen Unschärferelation ist klar, dass der Berechenbarkeit unseres Universums Grenzen gesetzt sind. Spätestens mit der Unschärferelation ist also der reine

Determinismus überholt. Dieser Determinismus wurde z. B. von dem Marquis de Laplace vertreten. Er sah alles, inkl. des menschlichen Verhaltens und der menschlichen Gedanken, als vollständig determiniert durch die Naturgesetze an. Seine berühmt gewordene Antwort an Napoleon auf dessen Frage nach Gott lautete: »Ich habe keine Verwendung für diese Hypothese«.

Seit Heisenberg müssen wir uns also damit bescheiden, dass wir nicht alles beliebig exakt berechnen können. Das merken wir z. B. an der Wettervorhersage, die – allen Superrechnern und neuartigen Algorithmen zum Trotz – noch immer ungenau ist. Insbesondere langfristige Prognosen sind immer mit Vorsicht zu betrachten. Daran wird sich wohl auch in absehbarer Zeit nichts ändern.

Zur Person: Werner Heisenberg (1901–1976)

Lebensmotto: Physik von der Unschärferelation bis zum Spiel mit dem Feuer der Atombombe

Heisenberg studierte Physik in München (innerhalb der Mindeststudienzeit von drei Jahren) und habilitierte innerhalb eines Jahres in Göttingen. Er war fasziniert von den Erkenntnissen der modernen Physik, die sich damals in einem wesentlichen Umbruch befand. Die Quantentheorie Plancks und die Relativitätstheorie Einsteins hatten die klassischen Anschauungen verdrängt. Aber noch waren viele Fragen ungelöst und warteten auf mathematisch hochbegabte Physiker wie Heisenberg. Er trat in Kontakt zu vielen berühmten Physikern seiner Zeit: Sommerfeld – sein Lehrer in München –, Max Born, Niels Bohr, Otto Hahn u.v.a.

In der Nazizeit werden seine Erkenntnisse zunächst als »jüdische« Physik verunglimpft und er muss zusehen, wie die jüdischen Mitarbeiter seines Instituts entlassen und verfolgt werden. Kurz vor Kriegsausbruch hält er eine Reihe von Vorträgen in den USA. Dort wird ihm das Angebot einer Übersiedlung in die Vereinigten Staaten gemacht, was er aber nach langem inneren Kampf ablehnt. Kurz vor dem Zweiten Weltkrieg kehrt er nach Deutschland zurück.

Mit Kriegsbeginn wird der Bau von Bomben sehr wichtig. Den Nazis dämmert nun, dass durch die Erkenntnisse der modernen Physik der Bau einer Atombombe möglich wird. Heisenberg wird »kriegswichtig« und soll die Bombe bauen. In seinem Inneren ist er zwar dagegen, dass auf dieser Erde überhaupt eine Atombombe gebaut wird, aber er lässt sich auf ein gefährliches Spiel mit den Nazis ein. Er arbeitet am »Uran-Projekt« der Nazis mit und wird Leiter des Kaiser-Wilhelm-Instituts für Physik in Berlin. Es stellt sich glücklicherweise aber heraus, dass der Aufwand an Zeit und Kosten für den Bau einer Atombombe durch Nazi-Deutschland viel zu hoch und nicht realisierbar wären. So konnte Heisenberg in der Nazizeit relativ unbehindert forschen.

Nach Kriegsende wird er mit anderen führenden deutschen Physikern zunächst in England interniert, dann aber mit dem Aufbau eines physikalischen Instituts in Göttingen beauftragt. Er setzt sich für den Aufbau des CERN ein und wird Präsident des Max-Planck-Instituts für Physik in München.

Heisenberg wird der Satz zugeschrieben: »Der erste Schluck aus dem Becher der Wissenschaft führt zum Atheismus; aber auf dem Grund des Bechers wartet Gott.«

Ein zentraler Begriff der Thermodynamik ist die Entropie. Sie ist ein Maß für die Unordnung in einem System. Und der 2. Hauptsatz der Thermodynamik besagt nun, dass in einem »geschlossenen System« die Entropie meist zunimmt, evtl. gleich bleibt, aber niemals abnimmt. Mit anderen Worten: Jedes System strebt dem Zustand maximaler Unordnung bzw. Entropie entgegen.

Dies ist auch wichtig für den Ursprung des Lebens. Denn Leben kann man als eine komplexe Form der Ordnung ansehen. In einem Zustand maximaler Unordnung kann kein Leben existieren.

Thermodynamiker können dann noch darüber philosophieren, wann ein System »geschlossen« ist (kein Wärme- und Stoffaustausch mit der Umgebung). Aber wenn wir den Satz auf das Universum anwenden, haben wir wohl ein geschlossenes System vor uns. Falls nicht, muss man erklären, woher die Energie oder die Materie kommen, die von außerhalb in das Universum eintreten.

Wenn wir allerdings die Erde betrachten, erhält sie sehr wohl Energie – zugeführt im Wesentlichen von der Sonne. Insofern wäre es denkbar, dass im Universum die Unordnung gemäß dem 2. Hauptsatz der Thermodynamik zunimmt, aber auf der Erde (lokal) durch die Energiezufuhr abnimmt und so prinzipiell Leben hätte entstehen können.

Der 2. Hauptsatz der Thermodynamik, den Rudolf Clausius formulierte, wird heute nicht mehr angezweifelt und in vielen technischen Berechnungen angewendet.

Eine sehr grundlegende Folgerung ist: Der 2. Hauptsatz legt die Richtung der Zeit fest. Während die anderen physikalischen Gesetze invariant gegenüber einem Vorzeichenwechsel der Zeit sind, geht dies bei dem 2. Hauptsatz der Thermodynamik nicht.

Man kann nun den 2. Hauptsatz der Thermodynamik auf das Weltall anwenden. Damit wird das Weltall dem Zustand größtmöglicher Unordnung zustreben. Das entspräche etwa einer Gleichverteilung aller Energie und Materie über den Raum, sodass keine Struktur mehr vorhanden ist. Dabei spricht man vom Wärmetod des Universums. Dem könnte auch die Erde nur für eine begrenzte Zeit entgehen.

Wenn wir in die entgegengesetzte Zeitrichtung sehen, dann muss das Universum mit sehr wenig Entropie gestartet sein. Es muss also einen wohlgeordneten Anfang des Universums gegeben haben. Physiker sehen diesen Anfang im Urknall. Es bleibt aber die Frage, wie die Ordnung im Universum entstanden ist. Könnte sich im Urknall doch eine göttliche Schöpfung verbergen?

Obwohl Gödel zunächst Physik studiert hatte, gelang ihm ein spektakulärer Beweis eines mathematischen Satzes: Der 1. Gödel'sche Unvollständigkeitssatz. Dabei beschäftigte sich Gödel mit »formalen Systemen«, wie es z. B. die Arithmetik ist. Er stellte fest: Jedes »hinreichend starke« und widerspruchsfreie formale System enthält Aussagen, die man weder formal beweisen noch widerlegen kann. Unter »hinreichend stark« versteht er, dass mit dem formalen System auch komplexere Berechnungen vorgenommen werden können.

Dazu kommt gleich der 2. Gödel'sche Unvollständigkeitssatz: Ein »hinreichend starkes« System kann seine eigene Widerspruchsfreiheit nicht beweisen.

Zur Person: Kurt Gödel (1906–1978)

Lebensmotto: Genialer Logiker und Sonderling

In der breiten Öffentlichkeit ist Gödel weitgehend unbekannt. Aber in Mathematikerkreisen gilt er als genialer Logiker.

Er wurde in Brünn (heutiges Tschechien) in wohlhabenden Verhältnissen geboren. Nach seinem Abitur siedelte er nach Wien um und studierte theoretische Physik. Aber er beschäftigte sich auch mit philosophischen Fragen und der Mathematik – insbesondere der Logik.

In Wien lernte er auch seine Frau kennen: eine Kabarett-Tänzerin. Wikipedia beschreibt sie als wenig gebildet. Aber sie wird für ihn die Liebe seines Lebens.

Er bekommt Kontakt zum Wiener Kreis, einer Gruppe von Akademikern, die sich mit Philosophie und Mathematik auseinandersetzen. Dort lernt er das »Hilbert-Programm« kennen; ein Forschungsprogramm, das darauf abzielt, die Widerspruchsfreiheit der Mathematik formal zu beweisen. Er versucht zunächst, einige der von Hilbert vorgegebenen Probleme zu lösen, beweist dann aber mit seinen Unvollständigkeitssätzen, dass das Hilbert-Programm so nicht durchführbar ist.

Das Hilbert-Programm ist nicht nur reine Mathematik – es hat auch einen philosophischen Aspekt: Die gesamte Mathematik sollte auf einigen wenigen Axiomen aufgebaut sein und dann sollte die Widerspruchsfreiheit der Mathematik bewiesen werden. Damit sollte klargestellt werden, dass die Mathematik als Basis aller naturwissenschaftlichen Erkenntnisse in sich geschlossen ist. Ein Rückgriff auf übernatürliche Dinge sollte ausgeschlossen werden. Genau dieses Programm bringt Gödel mit seinen Unvollständigkeitssätzen zum Scheitern.

Nach der Annektierung Österreichs durch Nazi-Deutschland bekam Gödel immer mehr Schwierigkeiten und reiste schließlich unter abenteuerlichen Umständen über Sibirien und Japan in die USA. In Princeton fand er eine Anstellung am »Institute for Advanced Study«. Hier verlagerte sich sein Forschungsschwerpunkt von der mathematischen Logik zur Philosophie. Er war eng mit Albert Einstein befreundet.

In Princeton traten seine psychischen Probleme stärker hervor: Er hatte krankhafte Angst, vergiftet zu werden. Seine Frau musste ihm jede Mahlzeit vor seinen Augen zubereiten und vorkosten. Als sie wegen eines Schlaganfalls längere Zeit im Krankenhaus war, konnte er sich nicht mehr ausreichend ernähren und starb einige Wochen später.

Auch wenn die Gödel'schen Unvollständigkeitssätze für rein mathematische Systeme abgeleitet wurden, wirken sie doch wesentlich in die Philosophie hinein:

- Es gibt Aussagen, die nicht beweisbar bzw. widerlegbar sind.
- Ein System kann nicht seine eigene Widerspruchsfreiheit beweisen. (Mit anderen Worten: Es kann sich nicht selber beweisen.)

Damit liegt die Schlussfolgerung nahe, dass auch eine Theorie über die Entstehung unseres Universums nicht beweisbar ist. Es scheint damit zweifelhaft, ob der alte Traum der Physiker, mit einer einziger »theory of everything« alle Kräfte und Wirkungen im Weltall beschreiben zu können, noch realistisch ist.

Gödels Beweisführung ist ziemlich allgemeingültig und gilt für alle wesentlichen »formalen« Systeme, also Systeme, die so ähnlich funktionieren, wie wir Menschen denken. Man kann daher auch das menschliche Denken als formales System begreifen. Dann sind im Grundsatz die Voraussetzungen der Gödel'schen Unvollständigkeitssätze erfüllt. Also ist nicht beweisbar, dass menschliches Denken widerspruchsfrei ist.

Also können wir davon ausgehen, dass unser Denken widersprüchlich ist. Dies widerspricht allerdings unserer alltäglichen Erfahrung: Wie kann z. B. ein so komplexes Projekt wie die Fahrt zum Mond funktioniert haben, ohne dass die beteiligten Personen folgerichtig bzw. widerspruchsfrei gedacht haben?

Könnte daraus dann folgen, dass man den Menschen doch nicht als »formales System« beschreiben kann? Könnte der Mensch dann durch so etwas wie eine rein geistige Größe beeinflusst sein?

Während die Auswirkungen der Gödel'schen Unvollständigkeitssätze auf die Mathematik bereits gut verstanden sind, steht eine breite Diskussion ihrer Auswirkungen auf die Geisteswissenschaften noch aus. Aus meiner Sicht stellen die Unvollständigkeitssätze den reinen Determinismus und Materialismus deutlich in Frage.

Gödels Interessen lagen übrigens nicht nur im Bereich der Mathematik. Er beschäftigte sich ausführlich mit philosophischen Fragen und von ihm stammt ein weiterer Gottesbeweis. Dass Gödel einen Gottesbeweis vorgelegt hat, ist gleich in dreierlei Hinsicht erstaunlich:

1. Eigentlich scheint die Zeit der Gottesbeweise vorbei zu sein.
2. Gödel zeigte keine großen, äußerlich erkennbaren religiösen Aktivitäten
3. Sein rein logikorientierter Ansatz bei seinem Gottesbeweis ist außergewöhnlich.

Der Beweis wurde – für Gödel eigentlich klar – in der mathematischen Form der Prädikatenlogik geführt.

Er betrachtet Gott – ziemlich theoretisch – als ein Wesen, das nur positive Eigenschaften hat. Diese positiven Eigenschaften gehen auch in seine Axiome ein:

1. Jede Eigenschaft ist entweder positiv oder negativ.
2. Was eine positive Eigenschaft notwendig einschließt, ist selbst eine positive Eigenschaft.
3. Göttlichkeit ist eine positive Eigenschaft.

Mit diesen Axiomen beweist er schließlich, dass Gott existiert. Als führendem Logiker unserer Zeit ist ihm dabei kein formaler Fehler unterlaufen. Das wurde auch von zwei Informatik-Professoren bestätigt, die seinen Beweis formalisiert, in den Computer eingegeben und damit nachgewiesen haben, dass der Beweis in sich konsistent ist.[20]

Auch hier scheint der Gottesbeweis sehr theoretisch und weitab von menschlicher Erfahrung zu sein.

---

20 Benzmüller, C.; Woltzenlogel Paleo, B.: FORMALIZATION, MECHANIZATION AND AUTOMATION OF GÖDEL'S PROOF OF GOD'S EXISTENCE. Zitiert nach http://arxiv.org/abs/1308.4526.

Die Bibel: Erstaunliche Inhalte eines alten Buches

Manchen erscheint es antiquiert, sich mit den Berichten der Bibel zu befassen. Häufig wird als Argument genannt, dass auch in anderen Urzeitgeschichten (Schöpfungsmythen) von Göttern die Rede ist, die irgendetwas schaffen, die in Menschengestalt auf der Erde rumlaufen, ggf. sogar getötet werden und aus deren Tod dann irgendwie etwas Positives für die Menschheit erwächst. So ist z. B. im babylonischen Gilgamesch-Epos ebenfalls von einer Urflut die Rede und man hat daraus geschlossen, dass die Autoren des biblischen Schöpfungsberichtes vom (als älter vorausgesetzten) Gilgamesch-Epos abgeschrieben hätten. Wenn man die Erzählungen auf einer rein inhaltlichen Basis vergleicht, ergeben sich allerdings nur geringe Übereinstimmungen. Von einem klaren monotheistischen Gottesverständnis wird nur in der Bibel ausgegangen. Die Erzählung von der Urflut ist lediglich ein Detail eines jeweils umfangreichen Werkes. Wenn man sich aber gerade mit der Urflut beschäftigt: Was ist, wenn es diese Urflut als reales, weltumspannendes Ereignis wirklich gegeben hat? Dann würde es sich im Gedächtnis der Menschheit als einschneidendes Ereignis eingebrannt haben und es wäre zu erwarten, dass solche Mythen in mehreren Varianten bei verschiedenen Kulturen in Umlauf sind. Aufgrund der langen, unterschiedlichen Erzähl- und Übermittlungstradition ist auch damit zu rechnen, dass sich diese Traditionen im Laufe der Zeit auseinander- und je selbstständig weiterentwickelt haben, bis sie auf einer Papierform fixiert worden sind.

Das Alleinstellungsmerkmal der biblischen Schöpfungsgeschichte besteht in der Konzentration auf eine monotheistische Gottesvorstellung und einen Gott, der sich im geschichtlichen Umfeld des Volkes Israel in der Geschichte offenbart hat. D. h. er hat zunächst in besonderer Weise Kontakt zu den Menschen dieses Volkes gesucht. Darüber hinaus allerdings ist er Gott und Ansprechpartner auch für alle Menschen sämtlicher anderen Völker.

Wenn man sich nun mit der Schöpfungsgeschichte befasst, wie sie in der Bibel dargestellt wird, ergeben sich erstaunliche Parallelen zur heutigen naturwissenschaftlichen Erklärung des Ursprungs von Weltall, Erde und (menschlichem) Leben. Es ist dabei zu berücksichtigen, dass das Ziel der biblischen Texte nicht die exakte Darstellung der Prozesse, die bei der Entstehung der Erde und des Lebens abgelaufen sind, ist, sondern es geht bei der Bibel darum, dass Gott sich hier den Menschen vorstellt und damit Vertrauen in ihm wecken will. Trotzdem ist die Übereinstimmung zwischen dem uralten Schöpfungsbericht und aktueller naturwissenschaftlicher Erkenntnis geradezu verblüffend.

Die folgende Tabelle ist eine Gegenüberstellung des biblischen Textes der Schöpfungsgeschichte und aktueller naturwissenschaftlicher Erkenntnisse.

Schöpfungsbericht aus der Bibel (1. Buch Mose, Kap. 1)	Naturwissenschaftliche Aspekte
(1) Am Anfang schuf Gott Himmel und Erde	Erst seit knapp hundert Jahren gibt es die Urknalltheorie. Danach ist das Universum nicht ewig, sondern Raum, Materie und Energie sind im Urknall entstanden. Vorher glaubten Naturwissenschaftler an eine ewig bestehende Materie. Über die Ursache des Urknalls gibt es viele Spekulationen, aber bis heute keine allgemein anerkannte und belastbare Theorie. In jedem Fall ist die Urknalltheorie offen dafür, dass Gott die Ursache des Urknalls sein könnte.
(2) Noch war die Erde leer und ohne Leben, von Wassermassen bedeckt. Finsternis herrschte, aber über dem Wasser schwebte der Geist Gottes.	Nach der Entstehung der Erde ist von einem »Leerzustand« auszugehen, bei dem noch keine Struktur auf der Erde vorhanden war. Zudem wird eine sehr dichte Ur-Atmosphäre angenommen, die verhinderte, dass Licht durch sie hindurchdrang. Auf der Erde war es zunächst dunkel.
(3) Da sprach Gott: »Licht soll entstehen!«, und es wurde hell. (4) Gott sah, dass es gut war. Er trennte das Licht von der Dunkelheit	Heute nimmt man an, dass der Mond durch die Kollision der Ur-Erde mit einem anderen Objekt entstand. Dabei wurde der größte Teil der Ur-Atmosphäre in den Weltraum abgestoßen. Durch

(5) und nannte das Licht »Tag« und die Dunkelheit »Nacht«. Es wurde Abend und wieder Morgen: Der erste Tag war vergangen.	die verbleibende, dünnere Atmosphäre konnte Sonnenlicht – diffus gestreut – auf die Erdoberfläche gelangen. Hell und Dunkel waren zwar unterscheidbar, aber die Sonne selber war nicht direkt sichtbar.
(6) Und Gott befahl: »Im Wasser soll sich ein Gewölbe bilden, das die Wassermassen voneinander trennt!« (7) So geschah es: Er machte ein Gewölbe und trennte damit das Wasser darüber von dem Wasser, das die Erde bedeckte. (8) Das Gewölbe nannte er »Himmel«. Es wurde Abend und wieder Morgen: Der zweite Tag war vergangen.	Mit der Abkühlung der Ur-Erde kondensierte auch ein Teil des Wasserdampfes aus der Atmosphäre und es entstand ein Ur-Ozean. Die Verteilung des Wassers in Flüssigkeit/Meer und Dampf/Wolken ist die Basis für den Wasserkreislauf, der für die Entwicklung des Lebens wichtig ist.
(9) Dann sprach Gott: »Die Wassermassen auf der Erde sollen zusammenfließen, damit das Land zum Vorschein kommt!« So geschah es. (10) Gott nannte das trockene Land »Erde« und das Wasser »Meer«. Was er sah, gefiel ihm, denn es war gut.	Erst aus dem Ur-Ozean erhob sich durch vulkanische Verwerfungen der Erdkruste das Land.
(11) Und Gott sprach: »Auf der Erde soll es grünen und blühen: Alle Arten von Pflanzen und Bäumen sollen wachsen und Samen und Früchte tragen!« So geschah es.	Leben auf dem Land entstand also erst, nachdem die tektonischen Voraussetzungen (s. o.) geschaffen worden waren.

(12) Die Erde brachte Pflanzen und Bäume in ihrer ganzen Vielfalt hervor. Gott sah es und freute sich, denn es war gut. (13) Es wurde Abend und wieder Morgen: Der dritte Tag war vergangen.	Die allgemeine Formulierung »Alle Arten von Pflanzen und Bäumen« im Bibeltext (Vers 11) zeigt, dass es dem Autor nicht um die genaue Reihenfolge geht, in der die einzelnen Pflanzenarten entstanden sind. Es geht vielmehr darum, auszudrücken, dass hier die Voraussetzungen dafür geschaffen wurden, dass Menschen und Tiere auf der Erde leben können.
(14) Da befahl Gott: »Am Himmel sollen Lichter entstehen, die den Tag und die Nacht voneinander trennen und nach denen man die Jahreszeiten und auch die Tage und Jahre bestimmen kann! (15) Sie sollen die Erde erhellen.« Und so geschah es. (16) Gott schuf zwei große Lichter, die Sonne für den Tag und den Mond für die Nacht, dazu alle Sterne. (17) Er setzte sie an den Himmel, um die Erde zu erhellen, (18) Tag und Nacht zu bestimmen und Licht und Finsternis zu unterscheiden. Gott sah es und freute sich, denn es war gut. (19) Wieder wurde es Abend und wieder Morgen: Der vierte Tag war vergangen.	Durch die weitere Auskondensation des Wasserdampfes konnte Licht direkt durch die Atmosphäre scheinen. Sonne, Mond und Sterne wurden als Himmelskörper direkt sichtbar (und nicht nur durch diffusen Wechsel von Dunkel und Hell). Der biblische Text betont zudem, dass es sich bei Sonne, Mond und Sternen lediglich um »Lichter« handelt. Ihnen wird keine magische oder esoterische Wirkung zugeschrieben. Sie werden nur als Zeichen zur Zeitbestimmung angesehen. Fast alle Kulturen im Umkreis des jüdischen Volkes verehrten im Gegensatz dazu in der einen oder anderen Form Sonne, Mond oder Sterne als Götter.

(20) Dann sprach Gott: »Im Wasser soll es von Leben wimmeln und Vögel sollen am Himmel fliegen!« (21) Er schuf die großen Seetiere und alle anderen Lebewesen im Wasser, dazu die Vögel. Gott sah, dass es gut war. (22) Er segnete sie und sagte: »Vermehrt euch und füllt die Meer und auch ihr Vögel, vermehrt euch!« (23) Es wurde Abend und wieder Morgen: Der fünfte Tag war vergangen.	Die Tiere entstanden – zunächst im Meer.
(24) Darauf befahl er: »Die Erde soll Leben hervorbringen: Vieh, wilde Tiere und Kriechtiere!« So geschah es. (25) Gott schuf alle Arten von Vieh, wilden Tieren und Kriechtieren. Auch daran freute er sich, denn es war gut. (26) Dann sagte Gott: »Jetzt wollen wir den Menschen machen, unser Ebenbild, das uns ähnlich ist. Er soll über die ganze Erde verfügen: über die Tiere im Meer, am Himmel und auf der Erde.« (27) So schuf Gott den Menschen als sein Ebenbild, als Mann und Frau schuf er sie.	Erst am Ende der Entwicklung entstanden bestimmte Landtiere und danach die Menschen.

Nun soll mit dieser Gegenüberstellung nicht gesagt werden, dass die aktuellen Erkenntnisse der Evolutionsforschung nahtlos und ohne jegliche Widersprüche mit dem Schöpfungsbericht der Bibel übereinstimmen. Ein Diskussionspunkt ist z. B., dass im Bibeltext die Landtiere (Tag 6) erst nach den Vögeln (Tag 5) genannt werden. Die Evolutionsforschung geht dagegen davon aus, dass Vögel sich aus Dinosauriern (Landtieren) entwickelt haben. Hier gilt es, einerseits genau hinzuschauen, was im (hebräischen) Urtext der Bibel wirklich steht und gemeint ist, andererseits aber auch zu berücksichtigen, dass die Evolutionstheorie weiter in Bewegung ist und neue Erkenntnisse an der einen oder anderen Stelle die etablierte Theorie verändern können.

Aber die vielen Parallelen sind wirklich erstaunlich; vor allem, wenn man bedenkt, wie uralt der biblische Schöpfungsbericht ist.

Im Schöpfungsbericht fällt die zeitliche Einteilung in »Schöpfungstagen« auf: »Es wurde Abend und wieder Morgen: Der x-te Tag war vergangen.« Dagegen gehen die naturwissenschaftlichen Erkenntnisse von einer Entstehung des Universums und des Lebens im Laufe von mehreren Milliarden Jahren aus. Hier könnte also ein wesentlicher Unterschied liegen. Allerdings liefert die Bibel auch direkt eine Zeitskalen-Anpassung mit: »Eins aber sei euch nicht verborgen, ihr Lieben, dass ein Tag vor dem Herrn wie 1000 Jahre ist und 1000 Jahre wie ein Tag« (2. Petrusbrief, Kap. 3, Vers 8; ähnlich auch Psalm 90, Vers 4).

Was muss man nun aus diesen erstaunlichen Parallelen zwischen biblischem Schöpfungsbericht und aktueller naturwissenschaftlicher Erkenntnislage schließen?
Zunächst kommt es wieder auf die weltanschaulichen Voraussetzungen an, unter denen jemand denkt. Bei einem

naturwissenschaftlich orientierten Menschen könnte die Schlussfolgerung sein:

Dieser alte biblische Schöpfungsmythos scheint wohl doch nicht nur ein reines Märchen für einfache Gemüter zu sein, sondern erweist sich auch nach über 2000-jähriger Überlieferung noch nicht als überholt.

Allein aus diesen Überlegungen kann man aber sicher nicht ableiten, dass der biblische Schöpfungsbericht mit der Erschaffung der Welt und des Lebens durch Gott auf Tatsachen beruht.

Ein Christ wird sich durch die Parallelen zwischen Schöpfungsbericht und naturwissenschaftlichen bzw. kosmologischen Theorien in seinem grundsätzlichen Vertrauen in die Zuverlässigkeit biblischer Texte bestätigt fühlen.

Ein Atheist könnte dies ggf. aber für Zufall erklären. Außerdem könnte er darauf verweisen, dass die aktuelle naturwissenschaftliche Erkenntnis sich mit der Zeit wieder ändern kann, wodurch größere Widersprüche zwischen Schöpfungsgeschichte und Naturwissenschaften entstehen würden.

Also: Alles ist abhängig von den Denkvoraussetzungen.

Ein Gedankenspiel zur Schöpfung

Nehmen wir mal an – nur so als Gedankenspiel –, es würde einen Gott geben, der die Erde und alle Lebewesen von einem Moment auf den anderen aus dem Nichts geschaffen hat. Nehmen wir weiter an, die Naturgesetze würden erst ab diesem Zeitpunkt gelten und der eigentliche Schöpfungsakt wäre völlig unabhängig von jedem Naturgesetz. Ob man dabei eine Schöpfung in sechs Tagen annimmt oder auch in ein paar Jahrmillionen, dies ändert prinzipiell nichts an der Argumentation. Gehen wir also willkürlich von einem Zeitpunkt der Schöpfung am 23. Februar im Jahre 83 154 v. Chr. aus. Nehmen wir als kleines Bonbon zusätzlich an, Gott hätte noch ein paar alte Relikte im Wüstensand versteckt, die ein heutiger Historiker auf einen Zeitpunkt vor dem Schöpfungsdatum datieren würde.

Unter den Bedingungen unseres Gedankenspiels wären DNS, Gene, Proteine und Enzyme der Baukasten, aus dem Gott die Schöpfung aufgebaut hätte. Die gefundenen Verwandtschaftsbeziehungen zwischen den Tieren und die Abstammung des Menschen vom Affen würden dann darauf hindeuten, dass Gott die verschiedenen Arten aus immer wieder gleichen oder nur geringfügig abgewandelten Bausteinen erschaffen hat.

Wenn ein Biologe sich in dieser Situation (unter den Annahmen unseres Gedankenspiels) mit der Entstehung der Arten beschäftigen würde, könnte er den Zeitpunkt der Schöpfung nicht herausbekommen. Er könnte als Naturwissenschaftler eigentlich noch nicht einmal danach suchen. Er würde bei seinen Untersuchungen vermutlich herausfinden, wie die Arten sich seit der Schöpfung entwickelt und verändert haben. Aber in Bezug auf den Zeitraum vor der Schöpfung würde er vermutlich eine Entwicklung entsprechend den vorgefundenen kurzzeitigen Entwicklungen annehmen: Er würde aktuelle Entwicklungen in die Vergangenheit extrapolieren. Natürlich würde er (entsprechend der naturwissenschaftlichen Prämisse einer »innerweltlichen Erklärung«) eine Abstammung der Arten voneinander erarbeiten. Auch wenn man also eine Schöpfung voraussetzt, könnte ein rein naturwissenschaftlich arbeitender Biologe bei der Betrachtung der Arten eine Schöpfung aus dem Nichts nicht erkennen. Eine solche Erkenntnis wäre nicht nur prinzipiell durch die Prämisse einer »innerweltlichen Erklärung« ausgeschlossen; es gäbe auch keine Indizien, durch die ein Naturwissenschaftler auf eine Schöpfung hindeuten könnte.

Was kann man nun aus einem solchen – zugegeben sehr oberflächlichen – Gedankenspiel folgern?
Man kann damit sicher nicht beweisen, dass es Gott als Schöpfer gibt. Das ist auch nicht beabsichtigt. Aber es wird deutlich: Die Naturwissenschaften sind gegenüber einem Schöpfungsereignis prinzipiell blind. Eine mögliche Erschaffung durch Gott wird durch den Arbeitsansatz der Naturwissenschaften ausgeblendet. Im Umkehrschluss kann damit durch die Evolutionstheorie nicht widerlegt werden, dass Gott das Universum geschaffen hat.

Trotzdem ist es ja legitim und richtig, dass sich Biologen rein naturwissenschaftlich mit der Entstehung der Arten beschäftigen. Man muss sich aber darüber im Klaren sein, dass hiermit nur eine beschränkte Erkenntnis (im Sinne der A-priori-Annahme »Innerweltlichkeit«) gewonnen werden kann.

Eine andere Frage, die sich aus unserem kleinen Gedankenspiel ergeben könnte: Was genau würden wir denn darunter verstehen, wenn wir von einer **Schöpfung durch Gott** sprechen? Kann Gott nicht auch die Bedingungen der Schöpfung so gewählt haben, dass das von ihm beabsichtigte Universum sich durch die natürliche Evolution so entwickelt hat, wie er es beabsichtigt hat?

Wenn Gott das Leben durch das Evolutionsprinzip geschaffen hat, muss ja auch dieses Prinzip (das Überleben des Stärkeren) von Gott stammen. Das Überleben des Stärkeren scheint in unserer Welt aber immer mit dem Leid und ggf. Tod des Schwächeren verbunden zu sein. Passt dieses Prinzip dann zusammen mit dem Gott der Liebe, wie er in der Bibel beschrieben wird? Aus der Schöpfungsgeschichte der Bibel (1. Mose 1, 29-30) kann man schließen, dass Menschen und Tiere (zunächst) Pflanzenfresser waren – eine Verdrängung im Sinne eines Überlebens des Stärkeren somit am Anfang nicht stattgefunden hat. Das änderte sich laut Bibel erst mit dem Sündenfall.

Wie ist dann das Leiden entstanden? Wir neigen dazu, den Beginn des Leidens beim ersten Sterben einer Kreatur zu sehen, die durch einen Stärkeren verdrängt wurde. Allerdings hat es genauso etwas für sich, den Beginn des Leides dort zu sehen, wo ein über sich selbst nachdenkendes Wesen bewusst anderen Leid zufügen kann. Das würde dann mit dem Beginn des Leides, wie er in der Bibel dargestellt wird, übereinstimmen. Das hätte dann auch etwas mit Schuld zu tun.

Wenn man davon ausgeht, dass Gott die Schöpfung durch Evolution hervorgebracht hat, folgen sofort weitere Fragen, z. B.: Hat Gott seit dem Beginn des Lebens nicht mehr in die Schöpfung eingegriffen und es läuft alles nur noch »automatisch« ab? Auch dies widerspricht biblischen Aussagen, nach denen Gott in die Geschichte eingegriffen hat. Aber wiederum könnte ein allwissender Gott dies von Anfang nicht nur gewusst, sondern ein Eingreifen von Anfang an geplant haben. Trotzdem ist ein Eingreifen Gottes in die Schöpfung, die sich auch von selber fortentwickelt, m. E. auf drei Ebenen nach wie vor möglich:

1. **Gott erhält die Naturgesetze aufrecht**, sodass die natürlichen Abläufe immer wieder gleich erfolgen. Auf solche zeitlich unveränderten Naturgesetze sind wir angewiesen, damit überhaupt Leben möglich ist. Die Naturwissenschaften können keine Erklärung liefern, warum z. B. die Energieerhaltung immer funktioniert oder die Lichtgeschwindigkeit sich mit der Zeit nicht verändert. Naturwissenschaften können dies lediglich durch immer wiederholte Beobachtungen feststellen, aber nicht begründen.

2. Nach dem heutigen Verständnis der Physik ist das **Universum nicht vollständig determiniert**. Es können »zufallsbedingte« Änderungen vorkommen. Z. B. redet man beim radioaktiven Zerfall von Teilchen von einer mittleren Halbwertszeit. Aber es gibt keinen prinzipiellen Unterschied zwischen Teilchen, die schnell zerfallen, und Teilchen, die erst zu einem Zeitpunkt, der deutlich über der mittleren Halbwertszeit liegt, zerfallen. Warum ein Teilchen früher zerfällt als ein anderes, ist nicht erklärbar. Hier hat – insbesondere mit dem Aufkommen der Quantenphysik – der Zufall in großem Umfang Eingang in die Physik gefunden. Während **vor** der Quantenphysik das Ziel der Physik war, im Prinzip alles mit prinzipiell beliebiger Genauigkeit berechnen zu können, haben heutige Physiker eine vollständige Berechenbarkeit dieser Welt nicht mehr zum Ziel. Selbst wenn dies möglich wäre, ist es aufgrund der Heisenberg'schen Un-

schärferelation unmöglich, die Anfangs- und Randbedingungen für eine solche Voraussage genau genug zu
ermitteln.

Es ist aber prinzipiell denkbar, dass durch zukünftige Erkenntnisse auch eine vollständige Berechenbarkeit wieder möglich wird. Man muss dann vorsichtig sein, dass
Gott nicht nur für die (zukünftig immer kleiner werden-
den) Erkenntnislücken der Menschheit zuständig ist.

Wenn Gott in den Ablauf dieses Universums eingreift,
dann kann das so geschehen, dass es für Naturwissenschaftler nicht erfassbar ist.

3. Gott kann die **Naturgesetze ausnahmsweise außer
   Kraft setzen** und das bewirken, was wir als Wunder bezeichnen. Wenn Gott das Universum geschaffen und die
   Naturgesetze eingesetzt hat, dann dürfte er ein Interesse
   daran haben, dass diese Gesetze zumindest in den meisten Fällen erfüllt werden. Wunder sind daher lediglich
   als absolute Ausnahme zu erwarten. Die Auferstehung
   Jesu nach seiner Kreuzigung dürfte demnach eine solche
   Ausnahme sein.

Wir haben in unserem Gedankenspiel vorausgesetzt, dass
Gott kein wesentliches Interesse daran hat, seine Existenz
für Menschen belegbar zu dokumentieren. Nun kann man
auch von der anderen Voraussetzung ausgehen: Gott wollte,
dass die Spuren, die er bei der Schöpfung hinterlassen hat,
von den Menschen gefunden werden. In diesem Fall müsste
man diese in der Natur wiederfinden. Was man aber in der
Natur findet, sind keine eindeutigen Beweise, sondern Hin-

weise, die man auch übersehen oder anderweitig interpretieren kann. Dies ist aus christlicher Sicht auch zu erwarten, da Gott der Glaube bzw. das Vertrauen der Menschen wichtig sind. Wenn ich einen Beweis (oder eine Widerlegung) habe, brauche ich eben nicht mehr zu glauben. Aber aus Gottes Sicht ist wichtig, dass sich der Mensch ihm aus freien Stücken zuwendet.

Kann man heute noch an Jesus Christus glauben?

Wenn man heutzutage in deutsche Kirchen geht, sieht man häufig überwiegend grauhaarige Köpfe (obwohl ich auch Gegenbeispiele kenne). Die Anzahl der Kirchenmitglieder geht seit Jahren kontinuierlich zurück und die Wahrnehmung der Kirche in der deutschen Öffentlichkeit ist zunehmend negativ. Der Trend scheint gegen den christlichen Glauben zu laufen.

Aber meine Weltanschauung gewinne ich ja nicht aus der neuesten Trendstudie. Hier geht es um die Wahrheit, die Grundlage für mein Leben ist.

Reicht es da, sich an den Zeitgeist anzuhängen und sich auf die Werte zu beschränken, die derzeit in Mode sind – Geld, Freunde, Genießen oder was sonst gerade aktuell ist?

Neben den angenehmen Aspekten unseres Lebens in unserer technisierten Welt treten auch immer wieder die Defizite unserer Zeit zu Tage.

Wenn man über Jesus Christus nachdenkt, kommen häufig Fragen nach seinen Wundern auf: Hat er wirklich Blinde geheilt, Gelähmte zum Gehen gebracht? Die Wundergeschichten des Neuen Testaments hinterlassen bei naturwissenschaftlich geprägten Menschen oft Zweifel, ob es diese Wunder wirklich so gegeben hat oder ob es sich nur um eine Legendenbildung handelt, die dazu geführt hat, dass man Jesus als Wundertäter darstellte.

Das wichtigste Wunder, um das es bei ihm aber geht, ist zweifellos seine eigene Auferstehung. Auch aus theologischer Sicht ist dies das bedeutendste Wunder: Hier zeigt sich, dass Gott selber seinen Sohn als Heiland und Retter bestätigt.

Die Kreuzigung und Auferstehung Jesu werden in allen vier Evangelien ausführlich beschrieben und sind damit die bei Weitem am besten dokumentierten Ereignisse der antiken Welt.

Die Auferstehungsgeschichte wird von mehreren Autoren unabhängig voneinander und aus ihrem jeweiligen Blickwinkel beschrieben. Die Darstellungen weichen zwar in Einzelheiten voneinander ab (so wie man das z. B. von Zeugenaussagen bei Verkehrsunfällen her kennt). In der Grundaussage aber stimmen alle vier Berichte überein: Jesus war tot, wurde begraben und von den Toten auferweckt. Bei einer nachträglichen Manipulation der biblischen Texte wäre eine einlinige Darstellung der Ereignisse zu erwarten gewesen.

Die biblischen Autoren mussten wegen ihrer Glaubensüberzeugung jede Menge Nachteile in Kauf nehmen. Sie wurden verfolgt, gefoltert und teilweise hingerichtet. All das hätten sie sich ersparen können, wenn sie zugegeben hätten, dass sie gelogen haben – dass Jesus also nicht wirklich auferstanden ist. Ein solcher Widerruf ist jedoch von keinem der biblischen Autoren bekannt. Daher waren sie in jedem Fall von der leiblichen Auferstehung Jesu vollständig überzeugt.

Manchmal wird auch eine kollektive Wahrnehmungsstörung in Erwägung gezogen: Dabei geht man davon aus, dass die Jünger Jesu sich nach dessen Tod seine Auferstehung sehnlichst gewünscht und diese dann auch gesehen haben – aber nur vor ihrem geistigen Auge, während in der schnöden Wirklichkeit nichts passiert ist. Dies wäre eine Möglichkeit, die hohe Motivation der Jünger nach der Auferstehung Jesu zu erklären. Aber die biblischen Berichte sprechen auch hiergegen:

- Es ist davon auszugehen, dass der Jüngerkreis sehr heterogene Charaktere aufwies, wodurch eine solche psychische Massenhysterie unwahrscheinlich wird.
- Es wird davon berichtet, dass der auferstandene Jesus nach den Ostereignissen von über 500 Menschen an unterschiedlichen Orten und zu unterschiedlichen Zeiten gesehen wurde. Es ist eher unwahrscheinlich, dass alle dem gleichen Massenphänomen aufsaßen.

Die Kommunikationsstrategie Jesu

Wenn man in den Evangelien liest, fällt an einigen Stellen auf, dass Jesus verbietet, über Heilungswunder zu sprechen. Warum tut er das? Um eine Eskalation des schwelenden Konfliktes mit den Pharisäern zu vermeiden? Zumindest zu Beginn seiner öffentlichen Wirksamkeit kann dies wohl nicht im Vordergrund gestanden haben. Mir scheint es eher so zu sein, dass er seine Zuhörerschaft nicht mit seinen Wundern überwältigen wollte. Er wollte seinen Zuhörern mit seiner Persönlichkeit und seiner Lehre im Gedächtnis bleiben. Jeder sollte dann selber entscheiden können, ob er die Lehre Jesu plausibel findet oder nicht. Jeder sollte selber die Möglichkeit haben, zu ihm Vertrauen zu fassen. Das Beispiel vom reichen Jüngling, den Jesus zu einem Leben in der Gemeinschaft mit ihm herausforderte , der aber dann doch »traurig wegging«, zeigt, dass Jesus die Entscheidung des Einzelnen respektiert.

Nach der Speisung der 5000 steigt die Popularität Jesu nahezu ins Unermessliche. Seine Fans sind so begeistert, dass sie ihn sofort zum König ausrufen wollen. Er macht ihnen jedoch einen Strich durch die Rechnung, verschwindet erst mal und fängt nachher eine für sein Image als »Brotkönig« höchst ungünstige Diskussion an. Er redet davon, dass er seinen Leib als Opfer und den Menschen seinen Leib zu essen geben will. Wenn man noch nicht weiß, dass sich diese Rede auf seinen Opfertod am Kreuz bezieht, ist das eine ziemlich unappetitliche Vorstellung. Mit dieser Strategie zerstört er sofort und vollständig sein Image als Wundertäter und Brotkönig. Trotzdem bleibt er sich und damit seinem Auftrag treu: Er will jedem persönlich begegnen. Er will um Vertrauen werben. Das ist schon eine ziemlich ungewöhnliche Strategie für jemanden, der sich als »Sohn des lebendigen Gottes« bezeichnen lässt. Gott müsste doch die Macht haben, uns Menschen zu überwältigen. Er müsste eigentlich nicht um unsere Zustimmung, unser Vertrauen und unseren Glauben werben – zumal nicht mit so beschränkten Mitteln, wie sie im Leben Jesu vorkommen: ein paar Wunder, ein paar Reden und Gleichnisse, die man, je nach Weltanschauung, Gemütslage und sonstigem Erkenntnisinteresse, auch einfach ignorieren oder wegdiskutieren kann.

Gott wirbt um uns. Dabei müssen wir uns Gott nicht als statisch über allen Dingen schwebend vorstellen. Wenn das, was in der Bibel steht, auch nur ansatzweise stimmt, dann setzt Gott sich persönlich für uns ein – und das mit allen Mitteln, die ihm als Gott zur Verfügung stehen. Im Neuen Testament wird der Tod Jesu am Kreuz immer dargestellt als eine Tat, durch die Gott an unserer Stelle den Tod auf sich nimmt, obwohl er selber völlig unschuldig ist. Aber er nimmt dieses Leid auf sich, weil er uns Menschen liebt.

Es gehört zu den Merkwürdigkeiten des Neuen Testaments, dass Jesus große Chancen, seine Publicity zu verbessern, regelmäßig ausgelassen hat. Er scheint nicht nur keinen Wert auf gute Öffentlichkeitswirkung gelegt zu haben, nein – er scheint diese gezielt vermieden zu haben. Nun behaupte ich, diese Verhaltensweise Jesu ergab sich nicht nur zufällig aus den gerade aktuellen Umständen, es war und ist vielmehr eine gezielte Strategie:

Das Ziel Jesu ist es, mit jedem Menschen in eine persönliche Beziehung zu kommen. Diese Beziehung soll nicht nur die beeindruckenden Wunder oder die Angst vor der Hölle widerspiegeln. Er möchte, dass wir Menschen uns ihm aufgrund eines echten Interesses an seiner Person zuwenden. Dann werden wir auch seine Zuwendung zu uns erfahren.

In der Bibel wird von Menschen berichtet, die Jesus begegnen. Die Begegnung mit Jesus hat häufig das Leben dieser Menschen stark verändert. Und nach christlicher Lehre ist Jesus nicht nur den Menschen im antiken Palästina begegnet, sondern passiert dies auch heute noch.

Ich habe den Eindruck, dass ein Gegenüber da ist, wenn ich bete. Und auch, wenn ich nicht bete, nicht an Gott denke und vielleicht gefühlsmäßig weit weg von ihm bin, spüre ich immer wieder seine Zuwendung.

Hierzu eine Episode in meiner Studienzeit: Ich war beim Rasenmähen – es war wohl nicht einer meiner hellsten Momente – mit dem großen Zeh in den Rasenmäher geraten. Im Krankenhaus hat man den Zeh wieder zusammengenäht. Aber aufgrund der Infektionsgefahr musste ich 14 Tage im Krankenhaus liegen. Das Problem dabei war: In dieser Zeit hatte ich mich zur Prüfung angemeldet. Es war die letzte Prüfung des Vordiploms (dies ist ein Begriff aus dem vorigen Jahrtausend – heute würde man wohl Grundstudium sagen). Wenn ich diese Prüfung versäumt hätte, hätte ich erst später (nach bestandenem Vordiplom) mit dem Hauptdiplom beginnen können. Ich hätte also ein Semester oder evtl. auch ein ganzes Jahr verloren. Dabei war ich ein ehrgeiziger Student und setzte alles daran, in der kürzestmöglichen Zeit mit dem Studium fertigzuwerden. Und mit dem Unfall (es war nun ohne Zweifel meine eigene Schuld gewesen) hatte ich mir diese Verzögerung selbst eingebrockt. Zuerst war ich ziemlich ärgerlich und erwog alle Möglichkeiten, doch noch irgendwie die Prüfung zu machen. Aber alles erwies sich als unmöglich oder zumindest risikoreich für meine Gesundheit

(Infektionsgefahr). Also lag ich im Krankenhaus und wartete den Heilungsprozess meines Zehs ab. Meine Gebete in dieser Zeit waren zunächst eher ungeduldig und unverständig: Warum mutet Gott mir das zu? Bisher hatte es in meinem Studium doch so gut geklappt. Wozu sollte so eine unnötige Verzögerung gut sein? Ach Herr, schenke doch, dass ich die Prüfung noch rechtzeitig ablegen kann ... Wie der Umschwung kam, weiß ich nicht mehr im Einzelnen. Plötzlich war mir klar: Ob ich mein Studium in Rekordzeit schaffe oder nicht, ist nicht entscheidend für meinen Lebensinhalt. Mein Ehrgeiz hatte sich verselbstständigt und war mir wichtiger geworden als mein Verhältnis zu Gott. Da hatte Gott mich wohl erst mal aus dem Verkehr ziehen müssen. Als diese Erkenntnis langsam in mein Gehirn einsickerte und ich Gott um Vergebung für meinen ungezügelten Ehrgeiz bat, habe ich im Krankenhaus einen ganz neuen inneren Frieden erlebt. Auch heute noch – dreißig Jahre später – habe ich diese Zeit des inneren Friedens und der Ausgeglichenheit in guter Erinnerung.

Einem Außenstehenden mag diese Episode so erscheinen, dass ich durch die Verarbeitung des Geschehens und das Akzeptieren des Unausweichlichen aufgrund rein psychologischer Effekte meinen Frieden mit dem sowieso nicht mehr Veränderbaren gemacht habe. Man kann dies so interpretieren. Für mich ist aber klar, dass Gott selber hier sehr deutlich in meinen Lebensablauf eingegriffen hat.

Ist das nun ein Beweis, dass Gott existiert? Nein, das ist es sicher nicht. Aber in Bezug auf Beweise werden wir bei Gott auch nicht sehr weit kommen. In der Bibel lässt uns Gott Einblick in sein Wesen nehmen (soweit wir als Menschen überhaupt in der Lage sind, dieses Wesen zu erkennen und zu verstehen). Gott stellt sich darin vor als jemand, der uns Menschen liebt und in Kontakt mit uns kommen will. Dies kann man nicht beweisen, aber erfahren.

Versuche, Gott zu beweisen, wie auch solche, die Existenz Gottes auf logischer Basis zu widerlegen, betrachte ich immer mit Vorbehalt. Es geht ja darum, dass ein Geschöpf auf seinen Schöpfer zurückschließt. Also die Wirkung schließt auf ihre Ursache. Mit solchen rückbezüglichen Systemen hatte unsere menschliche Logik schon immer ihre Probleme.

Damit will ich nicht sagen, dass man sich keine Gedanken über die Existenz Gottes machen soll. Jeder Mensch muss für sich klären, ob er dies für möglich oder wahrscheinlich hält oder nicht. Aber man wird mit logischen Überlegungen nicht zu einem eindeutigen Beweis bzw. einer eindeutigen Widerlegung der Existenz Gottes kommen.

Auch wenn Beweise (wie auch Widerlegungen) nicht funktionieren, so kann man Gott doch erfahren.

Und zum Schluss:
Hat Ihnen das Buch gefallen? Dann sagen Sie es Ihren Bekannten.
Hat es Ihnen nicht gefallen oder haben Sie Fehler entdeckt? Dann sagen Sie es mir.

Die folgenden Veröffentlichungen haben mir bei der Recherche wesentliche Impulse gegeben. Es sind unterschiedliche Auffassungen vertreten.

Christlicher Glaube:

[1]   Die Bibel

[2]   Lewis C. S.: Gedankengänge – Essays zu Christentum, Kunst und Kultur.
Brunnen Verlag, Basel 1986

[3]   Püttmann, A.: Gesellschaft ohne Gott – Risiken und Nebenwirkungen der Entchristlichung Deutschlands.
Gerth Medien, Aslar 2010

Physik:

[4]   Hawking, S.: Eine kurze Geschichte der Zeit. Deutsche Ausgabe aus dem englischen Original übersetzt von Hainer Kober. Erstauflage (englisch) 1988; Erste dt. Ausgabe 1991; Neuausgabe dt. 2011

[5]   Hawking, S.: Mlodinow, L.: Der große Entwurf – eine neue Erklärung des Universums. Rowohlt, Reinbek, Sep. 2010

[6] Lennox, J.: Stephen Hawking, das Universum und Gott. Brockhaus, März 2011

[7] Hägele, P. C.: »Die moderne Kosmologie und die Feinabstimmung der Naturkonstanten auf Leben hin.« Erschienen im Jahrbuch 18 der Karl-Heim-Gesellschaft 2005.

[8] Hofstaedter, D. R.: Gödel, Escher, Bach – ein endloses geflochtenes Band. DTV, München, 1991

Biologie:

[9] Dawkins, R.: The Selfish Gene. OUP, Oxford 1976

[10] Dawkins, R.: Der Gotteswahn. Ullstein Tb. 2008

[11] Collins, Francis, S.: Gott und die Gene – Ein Naturwissenschaftler entschlüsselt die Sprache Gottes. Verlag Herder, Freiburg im Breisgau, 2012.

[12] Scherer, S.: »Makroevolution molekularer Maschinen: Konsequenzen aus den Wissenslücken evolutionsbiologischer Naturforschung«. In: Hahn, HJ; McClary, R.; Thim-Mabrey, C.: »Atheistischer und jüdisch-christlicher Glaube: Wie wird Naturwissenschaft geprägt?« Forschungssymposium vom 2. bis 4. April 2008 an der Universität Regensburg. S. 95-149

[13] Lennox, J.: Sieben Tage, das Universum und Gott – was Wissenschaft und Bibel über den Ursprung der Welt sagen. SCM-Verlag, Witten, 2014

[14] Lennox, J.: Gott im Fadenkreuz. Warum der neue Atheismus nicht trifft. SCM-Verlag, Witten, 2013

[15] Drossel, B.: Und Augustinus traute dem Verstand – Warum Naturwissenschaft und Glaube keine Gegensätze sind. Brunnen-Verlag, Gießen, 2013

[16] Singer, W.: Der Beobachter im Gehirn – Essays zur Hirnforschung. Suhrkamp Verlag, Frankfurt 2002

[17] Eibach, U.: Gott im Gehirn? Ich – eine Illusion ? Neurobiologie, religiöses Erleben und Menschenbild aus christlicher Sicht. SCM-Verlag, Witten, 2006